QIYE XINXING XUETUZHI

企业新型学徒制培训教材

食品原料及加工

人力资源社会保障部教材办公室　组织编写

中国劳动社会保障出版社

图书在版编目（CIP）数据

食品原料及加工 / 人力资源社会保障部教材办公室组织编写．-- 北京：中国劳动社会保障出版社，2019

企业新型学徒制培训教材

ISBN 978-7-5167-3879-5

Ⅰ.①食… Ⅱ.①人… Ⅲ.①食品 – 原料 – 职业培训 – 教材②食品加工 – 职业培训 – 教材 Ⅳ.① TS202.1 ② TS205

中国版本图书馆 CIP 数据核字（2019）第 031923 号

中国劳动社会保障出版社出版发行

（北京市惠新东街 1 号　邮政编码：100029）

*

北京市艺辉印刷有限公司印刷装订　新华书店经销

787 毫米 ×1092 毫米　16 开本　11.5 印张　261 千字

2019 年 3 月第 1 版　2019 年 3 月第 1 次印刷

定价：35.00 元

读者服务部电话：（010）64929211/84209101/64921644

营销中心电话：（010）64962347

出版社网址：http：//www.class.com.cn

企业新型学徒制培训教材
编审委员会

前 言

为贯彻落实党的十九大精神，加快建设知识型、技能型、创新型劳动者大军，按照中共中央、国务院《新时期产业工人队伍建设改革方案》《关于推行终身职业技能培训制度的意见》有关要求，人力资源社会保障部、财政部印发了《关于全面推进企业新型学徒制的意见》，在全国范围内部署开展以“招工即招生、入企即入校、企校双师联合培养”为主要内容的企业新型学徒制工作。这是职业培训工作改革创新的新举措、新要求和新任务，对于促进产业转型升级和现代企业发展、扩大技能人才培养规模、创新中国特色技能人才培养模式、促进劳动者实现高质量就业等都具有重要的意义。

为配合企业新型学徒制工作的推行，人力资源社会保障部教材办公室组织相关行业企业和职业院校的专家，编写了系列全新的企业新型学徒制培训教材。

该系列教材紧贴国家职业技能标准和企业工作岗位技能要求，以培养符合企业岗位需求的中、高级技术工人为目标，契合企校双师带徒、工学交替的培训特点，遵循“企校双制、工学一体”的培养模式，突出体现了培训的针对性和有效性。

企业新型学徒制培训教材由三类教材组成，包括通用素质类、专业基础类和操作技能类。首批开发出版《入企必读》《职业素养》《工匠精神》《安全生产》《法律常识》等16种通用素质类教材和专业基础类教材。同时，统一制订新型学徒制培训指导计划（试行）和各教材培训大纲。在教材开发的同时，积极探索“互联网＋职业培训”培训模式，配套开发数字课程和教学资源，实现线上线下培训资源的有机衔接。

企业新型学徒制培训教材是技工院校、职业院校、职业培训机构、企业培训中心等教育培训机构和行业企业开展企业新型学徒制培训的重要教学规范和教学资源。

本教材由王庆元、段冬编写。教材在编写中得到北京市职业能力建设指导中心和北京轻工技师学院的大力支持，在此表示衷心感谢。

企业新型学徒制培训教材编写是一项探索性工作，欢迎开展新型学徒制培训的相关企业、培训机构和培训学员在使用中提出宝贵意见，以臻完善。

人力资源社会保障部教材办公室

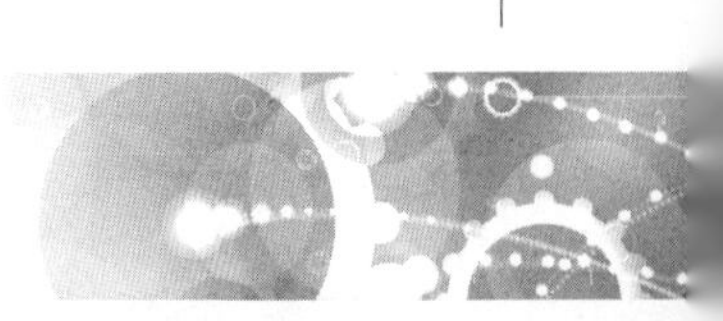

目 录

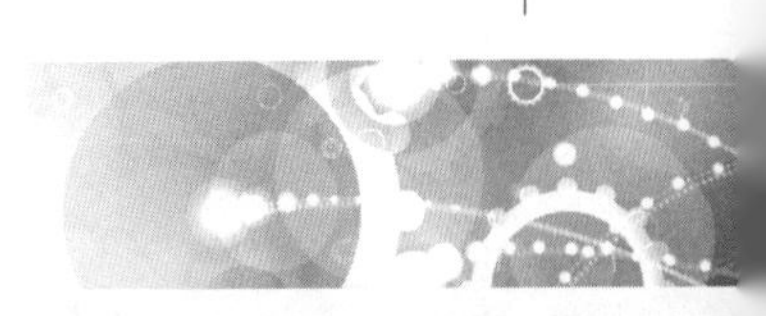

第1章

粮食类原料

粮食是以淀粉为主要营养成分的、用于制作各类主食的主要原料的统称。粮食是人类膳食的组成部分，也是重要的食品原料之一。粮食类原料主要分为谷类、豆类、薯类三大类。

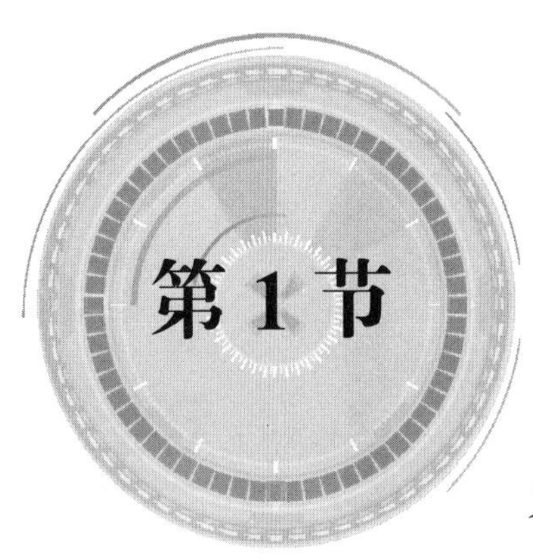

第1节 谷类原料

一、稻谷和大米

稻谷是主要的粮食作物之一。稻生长于热带和亚热带地区。我国是一个水稻大国，产量居世界第一。我国水稻产区集中在长江流域和珠江流域，主要包括四川、湖南、湖北、广东、广西、浙江、江苏、安徽、江西、福建等地。

稻谷经碾制脱壳后即是大米。大米按其性质可分为籼米、粳米、糯米，以及特殊品种的大米。

1. 籼米

籼米是用籼型非糯性稻谷加工成的米，是我国大米中产量最大的一种。米粒细长形或长椭圆形，长者长度在 7 mm 以上，蒸煮后出饭率高，黏性较小，米质较脆，加工时易破碎，横断面呈扁圆形，颜色白色透明的较多，也有半透明和不透明的。根据稻谷收获季节，籼米分为早籼米和晚籼米。早籼米米粒宽厚而较短，呈粉白色，腹白大，粉质多，质地脆弱易碎，黏性小于晚籼米，质量较差。晚籼米米粒细长而稍扁平，组织细密，一般是透明或半透明，腹白较小，硬质粒多，油性较大，质量较好。籼米适合制作各种米饭、稀粥和发酵米制品。

籼米以粒形整齐、饱满、干燥、有光泽者为佳。熟制后有鲜香味、无碎米、糠皮少、无霉变、脱壳时间短的为新鲜米。籼米产于夏秋两季，四川、湖北、湖南、广东等地均有栽种。籼米如图 1—1 所示。

2. 粳米

粳米由粳稻加工而成，米粒一般呈椭圆形或圆形，米粒丰满肥厚，横断面近于圆形，长与宽之比小于二，颜色蜡白，呈透明或半透明，质地硬而有韧性，煮后黏性、油性均大，柔软可口，但出饭率低。粳米适合制作各种米饭和稀粥，也可磨粉后制作年糕、打糕等。

粳米以粒形整齐、饱满、干燥、有光泽者为佳。熟制后有鲜香味、无碎米、糠皮少、无霉变、脱壳时间短的为新鲜米。粳米产于夏秋两季，主产于华北、东北和江苏等地。粳米如图 1—2 所示。

图 1—1　籼米

图 1—2　粳米

3. 糯米

糯米是用糯稻加工成的米，在我国南方称为糯米，而北方则多称为江米。长糯米即是籼糯，米粒细长，颜色呈粉白、不透明状，黏性强。另有一种圆糯米，属粳糯，形状圆短，白色不透明，口感甜腻，黏度稍逊于长糯米，糯米的颜色乳白，涨性小，出饭率比粳米低。糯米适合制作很多面点品种，也可用来酿制米酒。

糯米以粒形整齐、饱满、干燥、有光泽者为佳。熟制后有鲜香味、无碎米、糠皮少、无霉变、脱壳时间短的为新鲜米。由于纯糯米粉调制的粉团具有黏性，一般不作发酵使用。糯米产于夏秋两季，我国南方地区均有栽种，主要产于浙江和江苏南部等地。糯米如图 1—3 所示。

图 1—3　糯米

4. 特殊品种的大米

（1）黑米。黑米属于糯米类，是由禾本科植物稻经长期培育形成的一类特色品种。粒型有籼、粳两种，粒质分糯性和非糯性两类。糙米呈黑色或黑褐色。黑米外表墨黑，营养丰富，有“黑珍珠”的美誉。

黑米以有光泽，米粒大小均匀，少有碎米、爆腰（米粒上有裂纹），无虫，不含杂质者为佳。黑米在我国不少地方都有生产，具有代表性的有陕西黑米、贵州黑糯米、湖南黑米等。黑米如图 1—4 所示。

（2）香米。香米又称香禾米、香稻，是一种长粒型大米。香米的种类很多，包括香籼、香粳和香糯，颗粒晶莹，透明如玉，米香飘溢，营养丰富。

香米的主要产区为安徽、河南、福建、陕西等地区。香米如图 1—5 所示。

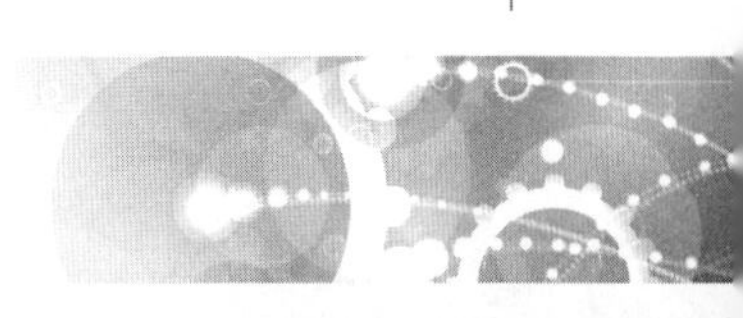

图 1—4 黑米

图 1—5 香米

二、小麦和面粉

小麦属禾本科植物，我国是世界上栽种小麦最多的国家之一。小麦的品种主要有普通小麦、圆锥小麦、硬粒小麦、密穗小麦、东方小麦和波兰小麦等，小麦按颜色可分为白小麦、红小麦和花小麦。小麦经加工后的产品即为面粉，是制作主食、糕点、小吃等食品的主要原料。小麦还可用于制作调味品和酿酒。小麦产季为夏秋两季，主要在长江流域，黄河、淮河流域种植，以华北平原为主要产区。小麦如图 1—6 所示。

面粉是由小麦加工而成的，是制作点心、面包的主要原料。根据蛋白质含量的高低，面粉可分为低筋面粉、中筋面粉、高筋面粉、专用面粉，以及特制面粉，如全麦面粉、特质蛋糕面粉等。面粉如图 1—7 所示。

图 1—6 小麦

图 1—7 面粉

1. 低筋面粉

低筋面粉又称普通粉、蛋糕粉，其蛋白质含量为 9% 左右，色泽较黄，通常用来做蛋糕、饼干、小西饼点心、酥皮类点心等。

2. 中筋面粉

中筋面粉即普通面粉，其蛋白质含量介于低筋面粉和高筋面粉之间，为 11% 左右，中筋面粉适合制作中式面点，如面条、馒头、饺子等。

3. 高筋面粉

图 1—8 烤麸

高筋面粉又称面包粉，其蛋白质含量高，为 12% ~ 15%，适合制作面包、起酥点心、泡芙点心。

另外，以面粉加工而成的面筋，也是比较常见的食品原料。在面粉中加入适量水、少许食盐，搅匀上劲，形成面团，稍后用清水反复搓洗，把面团中的活粉和其他杂质全部洗掉，剩下的即是面筋。面筋制品有烤麸、水面筋、素肠、油面筋等。面筋可以熏制、干制以供久储。面筋以清洗干净、面筋质含量高、无杂质者为佳。面筋中的烤麸如图 1—8 所示。

三、其他谷类

其他谷类包括玉米、小米、高粱、荞麦、大麦、裸大麦等。

1. 玉米

玉米属于禾本科植物，可分为甜玉米、糯玉米、高油玉米、爆裂玉米。甜玉米又称蔬菜玉米，既可以煮熟后直接食用，又可以制成各种风味的罐头、加工食品和冷冻食品。糯玉米具有较高的黏性及适口性，可以鲜食或制罐头，我国还有用糯玉米代替黏米制作糕点的习惯。高油玉米籽粒含油量高，可用于榨取玉米油，其油酸、亚油酸的含量较高，是人体维持健康所必需的。爆裂玉米的特点是角质胚乳含量高，淀粉粒内的水分遇高温而爆裂，是制作爆米花的原料。玉米可加工成粉末制作各种糕点，还可以酿酒。

玉米以硬粒型的玉米品质最好，其籽粒小，坚硬饱满，表面不皱缩，有光泽，蛋白质含量高。发霉的玉米绝对不能食用。玉米产于秋季，全国各地均有栽种，主要产区集中在华北、东北和西南地区。玉米如图 1—9 所示。

2. 小米

小米是植物谷子（又称粟）的谷穗去皮后所留的米粒。其品种较多，按谷粒的颜色可分为白色、黄色、褐色、黑色、红色、灰色的小米，以白色和黄色最为普遍。白色、黄色、褐色、黑色的小米多为糯粟，红色和灰色的小米多为粳粟，其特点是粒小，滑硬。小米可单独制成饭和稀粥，磨粉可制饼、窝头、丝糕等，与面粉掺和也能制发酵制品。

小米以谷壳色浅皮薄、出米率高为好。小米产于秋季，主产于我国黄河中上游地区。小米如图 1—10 所示。

图 1—9 玉米

图 1—10 小米

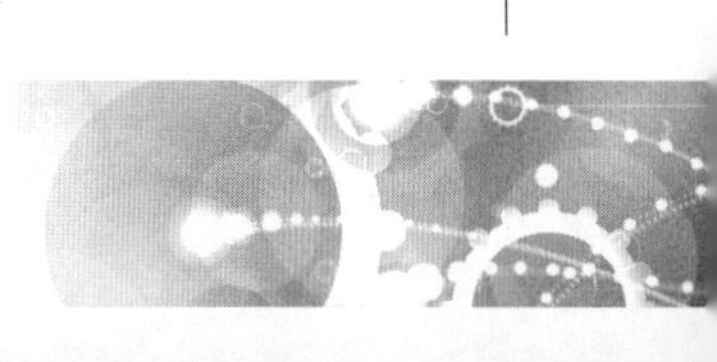

3. 高粱

高粱脱壳后即为高粱米，籽粒呈椭圆形、倒卵形或圆形。其品种较多，按颜色不同可分为白、黄、黑、红等品种，以白高粱的品质为最好。高粱按性质可分为粳、糯两种。高粱米可以制作高粱米饭、各种面食，还可酿酒。

高粱以大小均匀、颗粒完整、无碎裂、无杂质者为佳。高粱产于秋季，东北地区，山东、河北、河南等省多有种植。高粱如图 1—11 所示。

4. 荞麦

荞麦又称乌麦、三角米，生长期短，适应性强。其品种主要有甜荞、苦荞、翅荞等。荞麦籽粒为三棱形瘦果，棱角有明显光泽，外被革质皮壳，呈黑、褐或灰色，内部种仁为白色，主要是发达的胚乳。荞麦是制作麦片和糖果的原料，磨粉后可以做糕饼、小吃、面条、凉粉。

荞麦以粒形完整、杂质较少、含水量低、色泽正常、无异味者为好，以甜荞品质为最好。荞麦产于夏秋两季，我国南北各地均有栽种，以东北地区为多。荞麦如图 1—12 所示。

图 1—11 高粱

图 1—12 荞麦

5. 大麦

大麦是我国古老粮种之一，有几千年的种植历史。在世界谷类作物中，大麦的种植总面积和总产量仅次于小麦、水稻、玉米而居第四位。大麦籽粒扁平，中间宽，两端较尖，呈纺锤形。成熟时皮大麦的籽粒与外壳紧密结合，不易分离，而裸大麦（青稞）则易分离。大麦可用于生产啤酒、麦芽糖，磨粉后成为大麦面，可制作饼、馍，可压成麦片煮粥。

大麦以色泽清晰、皮呈淡褐色、麦肉呈粉白色、有光泽、无虫蛀、无霉烂、有正常麦香味者为好。大麦产于秋季，主产淮河流域及以北地区。大麦如图 1—13 所示。

6. 裸大麦

裸大麦也称青稞、裸粒大麦、元麦。裸大麦为大麦的一个变种，与皮大麦的一个重要区别是成熟后籽粒与内、外稃易分离。籽粒的皮色有黑、白、花紫、黄等各种颜色。裸大麦为主产区居民的主食原料之一，加工成粉可制作馍、饼、面条等，制品色灰黑，口感较粗糙。藏族多将裸大麦制成糌粑。可将裸大麦舂去皮制成小吃——甜醅，并可酿制青稞酒。

裸大麦性喜高寒，主要分布在云南西北部、四川西北部、西藏、青海等高寒地带，以西藏最为盛产。裸大麦如图 1—14 所示。

图 1—13　大麦

图 1—14　裸大麦

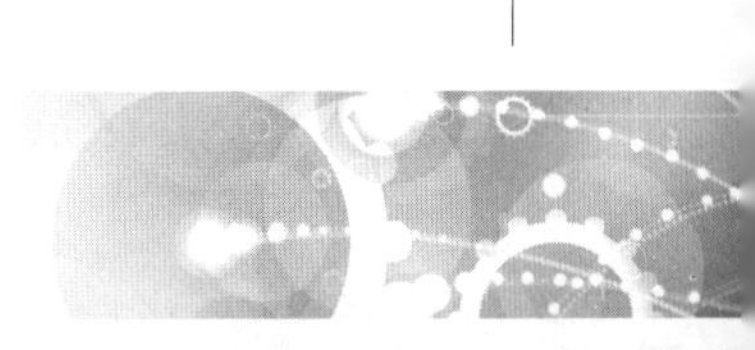

第2节

豆类原料

豆类原料可分为豆类植物和豆制品。

一、豆类植物

豆类在我国种植范围广泛，豆类的经济价值较高，由于其中多数种类的种子含有丰富的蛋白质，是人类和牲畜蛋白质营养的重要来源。有些豆类如大豆、四棱豆除有丰富的蛋白质以外，还含有大量可食用的油脂。许多豆类种子的蛋白质含量为20% ~ 40%，少数可达40% ~ 60%，其蛋白质含量比谷类高2 ~ 3倍，比薯类高5 ~ 10倍。豆类还可以加工成豆制品。

1. 大豆

大豆又称黄豆、毛豆、枝豆。大豆的荚果呈长圆形，密布棕色茸毛，黄绿色。种子圆球形、椭圆形或扁圆形，嫩时绿色，老熟后呈黄、青、紫、褐、黑等色。大豆可分为黄豆、青豆、黑豆等。种皮黑色、子叶青色的称黑皮青豆或青仁乌豆，摘嫩豆荚做蔬菜用的称毛豆。大豆中的小粒类型，褐色的在我国南方称泥豆、马料豆，在北方称秣食豆；黑色的称小黑豆。大豆可用来制作主食，也可磨制豆浆，磨粉后与米粉掺和可制作糕点、小吃等。大豆还是制作豆制品的原料，也是重要的食用油料作物，还可用于酿造。

大豆以粒大饱满、无霉、无虫蛀者为好。大豆产于秋季，我国东北、华北、四川、浙江、江苏均有栽种，其中以东北出产的质量最优。大豆如图1—15所示。

图1—15　大豆

2. 蚕豆

蚕豆又称南豆、胡豆、佛豆、罗汉豆、兰花豆，嫩时为翠绿色，稍老时为黄绿色，肉质软糯，鲜美微甜。蚕豆的种子富含淀粉、蛋白质，可以制作粉丝、粉条，也可做粮食，还是制作多种炒货的原料，发酵后还可制成豆酱。

蚕豆以色绿、颗粒肥大饱满、无虫蛀、无损伤者为好。蚕豆产于春季，主产于长江以南各省，西北高寒地带栽种也较普遍。蚕豆如图1—16所示。

3. 豌豆

豌豆又称青豆、麦豆，豆粒大多呈圆球形，也有椭圆形、扁缩、皱缩等形状。干豆质坚硬，有黄、褐、绿、红、白、玫瑰等颜色。豌豆具有口味清香、质地软糯的特点。豌豆磨成粉可制作糕点、豆馅、粉丝、凉粉、面条等。豌豆嫩苗、嫩豆荚、嫩种仁可做蔬菜。

豌豆以身干粒大，颗粒饱满，皮色呈黄白，无斑点、霉变、出芽者为好。豌豆产于春夏两季，在四川、湖北、江苏、河南、青海等省均有栽种。豌豆如图 1—17 所示。

图 1—16　蚕豆

图 1—17　豌豆

4. 绿豆

绿豆种皮的颜色有青绿、黄绿、黑绿，种子呈短矩形。其色泽鲜艳，沙性较好。绿豆磨成粉后可制作糕点、小吃，还可制成豆沙做馅心。绿豆也是制作淀粉、粉丝、粉皮的好原料。

绿豆以大小匀称，颗粒饱满，色绿而有光泽，无霉烂、虫口、变质的当年新绿豆为好。绿豆产于秋季，主要产于黄河、淮河流域的河南、河北、山东、安徽等省。绿豆如图 1—18 所示。

5. 赤豆

赤豆又称红豆、红小豆、赤小豆等，赤豆因皮呈赤红色而得名，籽粒颜色有红、白、杏黄、绿、赤褐、暗紫等颜色，豆粒呈矩圆、圆柱形和圆形，质地坚硬，富含淀粉。赤豆可与米、面掺和做主食，也可做豆羹、豆汤，煮烂后可制成豆沙馅，还可制作糕点。

赤豆的品质以粒大饱满、皮薄、红紫有光泽、脐上有白纹，无异味、霉变、虫蛀者为好。赤豆产于夏秋两季，华北、东北、黄河流域、长江流域及华南地区等地区均有栽种。赤豆如图 1—19 所示。

图 1—18　绿豆

图 1—19　赤豆

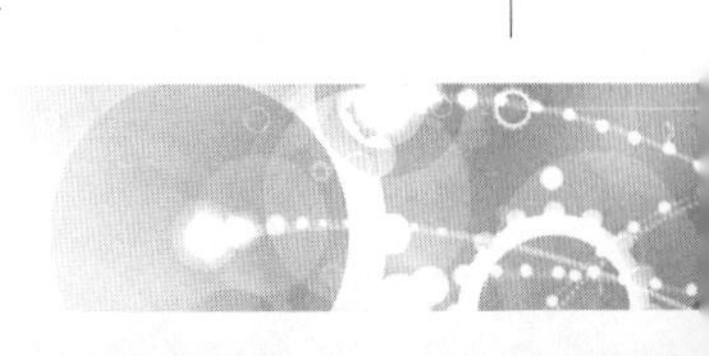

二、豆制品

1. 豆腐

豆腐是我国的传统食品，花样繁多，风味独特，食用方便。豆腐高蛋白、低脂肪，具有降血压、降血脂、降胆固醇的功效。豆腐是以大豆为原料，经浸泡、磨浆、煮浆、点卤等工序，使豆浆中的蛋白质凝固压制成形的产品。豆腐有南豆腐和北豆腐之分，主要区别在于点豆腐的材料不同。南豆腐用石膏点制，因凝固的豆腐花含水量较高而质地细嫩，水分含量在90%左右；北豆腐多用卤水或酸浆点制，凝固的豆腐花含水量较少，质地较南豆腐老，水分含量在85%左右，但由于含水量少，故而豆腐味更浓，质地更韧，也较容易烹饪。另有内酯豆腐，以葡萄糖酸－δ－内酯为凝固剂，较传统制备方法提高了出品率和产品质量，减少了环境污染。豆腐色泽乳白，质地细嫩，柔滑可口，其味鲜美。由于凝固方法不同，豆腐品质略有差别。南豆腐适于拌、炒、烩、烧、制羹、制汤等。北豆腐适于煎、炸、酿、制馅等。

豆腐以表面光滑、洁白细嫩、成块不碎、气味清香、柔嫩可口、无涩味或酸味者为好。豆腐如图1—20所示。

2. 豆芽

豆芽是豆类的种子在无光无土和适宜的温度、湿度下培育出的食品。传统的豆芽指黄豆芽，后来市场上逐渐开发出绿豆芽、黑豆芽、豌豆芽、蚕豆芽等新品种。黄豆芽较长，子叶黄色，胚根较粗，白色；绿豆芽较短，子叶淡绿，胚根较细，青白色。绿豆芽较黄豆芽质地柔嫩，爽口。

豆芽以胚根直挺、长短适当、粗细匀称、豆瓣不裂开者为好。豆芽如图1—21所示。

图1—20 豆腐

图1—21 豆芽

3. 豆腐皮、腐竹

豆腐皮又称油皮、豆腐衣、豆笋。豆浆煮沸之后，将表面形成的天然油膜挑起晾干后，即得豆腐皮，豆腐皮是豆制品的精华，含植物蛋白质较高，色泽金黄，韧性较强。腐竹是豆浆加热煮沸后，将表面形成的一层薄膜挑出后，下垂成枝条状，再经干燥而成的，色泽黄白，油光透亮，含有丰富的蛋白质及多种营养成分。豆腐皮适于炸、拌、烧、熘、焖等烹调方法，也可用于制作素鸡、素鸭、素肉等。腐竹可凉拌，也可炒、烩、烧、炸等成菜。

豆腐皮以皮薄透明、半圆而不破、色金黄、有光泽、柔软不黏、表面光滑者为好，豆腐皮如图 1—22 所示。腐竹以颜色浅金黄、有光泽、竹中不夹心、折之易断、外形粗细均匀者为好。腐竹如图 1—23 所示。

图 1—22　豆腐皮

图 1—23　腐竹

4. 粉丝

粉丝又称粉条、粉干、线粉等，是以豆类或薯类、玉米等的淀粉加工成的面条状制品，因此有豆粉丝、薯粉丝。豆粉丝属豆制品，有绿豆粉丝、豌豆粉丝、蚕豆粉丝，豆粉丝呈半透明状，弹性、韧性均强。粉丝可代替粮食做主食，也可做菜肴配料，还可以做点心、小吃。

粉丝以粗细均匀、条长、洁白、有光泽、韧性强者为好。粉丝如图 1—24 所示。

图 1—24　粉丝

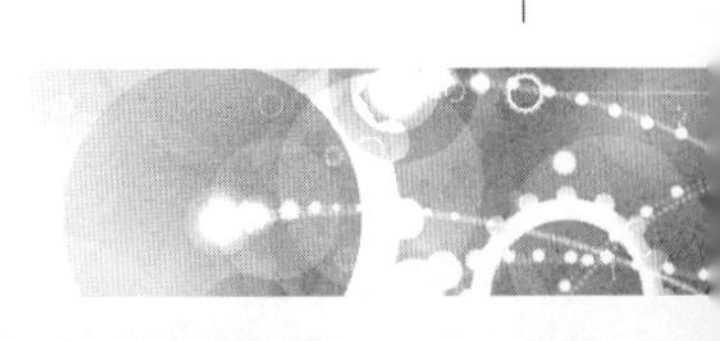

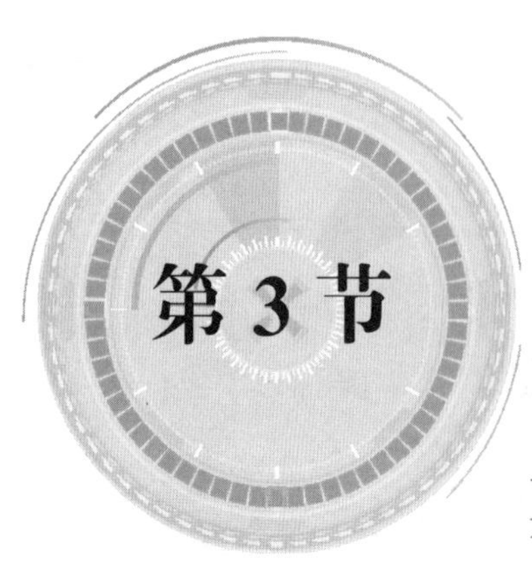

第3节 薯类原料

薯类作物的产品器官是块根和块茎，生长在土壤中，主要包括甘薯、木薯、马铃薯、芋类等。根据我国人民的饮食习惯和烹饪中的应用情况，我们将较多用于主食或面点小吃制作的甘薯、木薯等作为粮食原料介绍，将马铃薯等较多用于菜品制作的归为蔬菜类介绍。

一、甘薯

甘薯又称山芋、番薯、红薯、白薯、地瓜、红苕等，地下块茎顶分枝末端膨大成卵球形的块茎，外皮淡黄色，光滑。甘薯以肥大的根块供食用，其形态有纺锤形、圆形等，皮有白、红、黄、淡红、紫红等色，肉有白、淡黄、黄、橘红等色。甘薯可做主食，也可用于制作各类糕点、小吃，还可以加工成粉丝、酿酒、制糖、制淀粉，其嫩茎和叶还可以做蔬菜食用。

甘薯以个体大、粗圆、完整无伤、无霉烂和虫蛀者为好。烂甘薯和发芽的甘薯可使人中毒，不可食用。甘薯产于秋季，全国各地均有栽种，以华北、华东、东北、西南地区栽种最多。甘薯如图 1—25 所示。

图 1—25　甘薯

二、木薯

木薯又称树薯、木番薯、槐薯等，木薯的食用部分是其块根，呈圆锥形、圆柱形或纺锤形。皮色因品种不同有白、灰白、淡黄、紫红、白中有红点等多种。肉质部分是薯块的主要部分，呈白色，含有丰富的淀粉。木薯分为甜木薯和苦木薯两类。木薯可用于制作菜肴，主要用于生产淀粉，还可作为制作酒精、果糖、葡萄糖的原料。

木薯以外形完整、无病虫害、无大的破损者为好。因木薯的各部分均含有有毒物质，鲜薯的肉质部分在食用时，须经水浸泡、干燥处理。木薯产于秋季，广东、广西地区有栽种。木薯如图 1—26 所示。

图 1—26　木薯

第2章

蔬果类原料

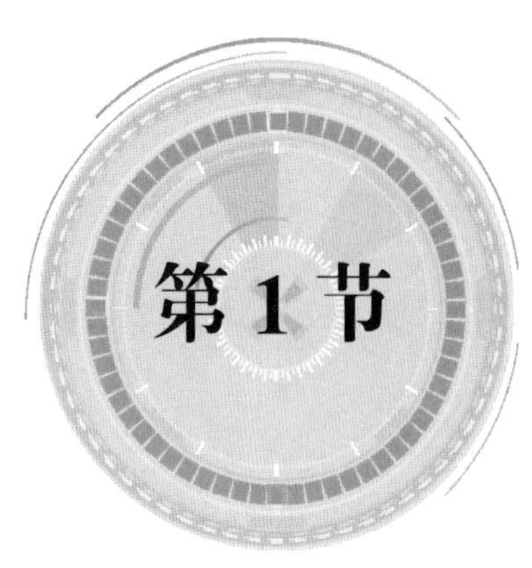

第 1 节 蔬菜类原料

蔬菜是植物性原料中种类较多的一类，也是烹饪原料中消费量较大的一类。目前世界上蔬菜的种类（包括野生的和半野生的）200 多种，普遍栽培的有 50 ~ 60 种。同一种类中有许多变种，每一变种又有许多栽培品种。我国的蔬菜种植有着悠久的历史，蔬菜品种资源极为丰富，品种数量和总产量均居世界前列，在烹饪原料中占有重要的地位。蔬菜类原料从食用角度可分为叶菜类、根菜类、茎菜类、花菜类、果菜类和食用菌类六大类。

一、叶菜类

叶菜类蔬菜是指以植物的叶片或叶柄作为主要食用部位的蔬菜。

1. 菠菜

菠菜属普通叶菜类蔬菜，又称菠棱菜、赤根菜。菠菜主根粗长，红色，带甜味。叶柄长，深绿色。叶片为箭头状或圆形，片较大。菠菜适合炒、氽、拌、烫，可做点心的馅料。

菠菜以色泽浓绿，叶茎不老，根红色，无抽薹开花，不带黄、烂叶，无虫眼者为佳。菠菜产于春秋两季，全国各地均有栽种。菠菜如图 2—1 所示。

图 2—1　菠菜

2. 大白菜

大白菜属结球叶菜类蔬菜，又称黄芽菜、菘菜。大白菜个体较大，叶片多而呈倒卵形，边缘波状有齿，叶面皱缩，中肋扁平，叶片互相抱合，内叶呈黄白色或乳白色。大白菜味带甘甜，柔嫩适口，是加工泡菜和干菜的原料，适于炒、炝、拌、熘、烧、煮、腌等烹调方法，可做汤和馅心。

大白菜以包心紧实，外形整齐，无老帮、黄叶和烂叶，不带须根和泥土，无病虫害和机械损伤者为佳。大白菜产于秋季，在全国各地均有栽种，以山东、河北所产为佳。大白菜如图 2—2 所示。

图 2—2　大白菜

3. 小白菜

小白菜属普通叶菜类蔬菜，又称白菜、青菜、油菜等。小白菜植株矮小，叶张开，不结球。叶片较肥厚，表面光滑，呈绿色或深绿色；叶柄明显，白色或淡绿至绿白色，没有叶翼。小白菜质脆嫩，味清香，是加工腌菜的重要原料，适于炒、拌、烧、煮等烹调方法。

小白菜以色绿、质嫩，无黄叶、烂叶，不带根，外形整齐者为佳。小白菜四季均产，以春秋所产为佳，全国各地均有栽种。小白菜如图 2—3 所示。

4. 生菜

生菜属普通叶菜类蔬菜，植株矮小，叶扁圆、卵圆或狭长形，呈绿色或黄绿色，内叶有结球和直立形。生菜是西餐常用蔬菜之一，以生食为主。中餐常炒制或做汤菜，其叶色彩艳丽，可用做菜肴的点缀。

生菜口感脆嫩、微甜、清香，尤以生拌风味独具，以结球形品质最佳。生菜产于春末和夏季，原产地中海沿岸，主要分布于欧洲、美洲，我国目前多分布在华南地区。生菜如图 2—4 所示。

图 2—3　小白菜

图 2—4　生菜

5. 莼菜

莼菜属普通叶菜类蔬菜，又称水荷叶、湖菜等。莼菜以嫩梢和初生卷叶为食用部分，成菜有色绿、脆嫩、肥美滑爽、清香的特点。莼菜按色泽分为红花和绿花品种。红花品种叶背、嫩梢和卷叶均为暗红色；绿花品种叶背为暗红色，嫩梢和卷叶为绿色。莼菜可做成罐头，适于拌、煸、炒等烹调方法，最宜做汤、羹，也可作为多种菜肴的配料。

图 2—5　莼菜

莼菜以色绿、滑软细嫩者为佳。莼菜产于夏季，分布于黄河以南的池沼湖泊中，以西湖所产莼菜品质最佳。莼菜如图 2—5 所示。

6. 甘蓝

甘蓝属结球叶菜类蔬菜，又称洋白菜、包菜、圆白菜、卷心菜、莲花白等。甘蓝叶片厚，叶柄短，卵圆形，蓝绿色，叶心包成球形，呈黄白色，肉质脆嫩，味甜美。甘蓝按叶球形状不同可分尖头形、平头形和圆头形。甘蓝适合炒、炝、煮、熘、泡、腌等烹调方法，可做菜肴主、辅料或馅心原料。

甘蓝以新鲜清洁、叶片肥大、结球坚实、无烂叶、无病虫害和损伤者为佳。甘蓝产于春季、秋季、冬季，以冬季所产为佳，我国各地均有栽种。甘蓝如图 2—6 所示。

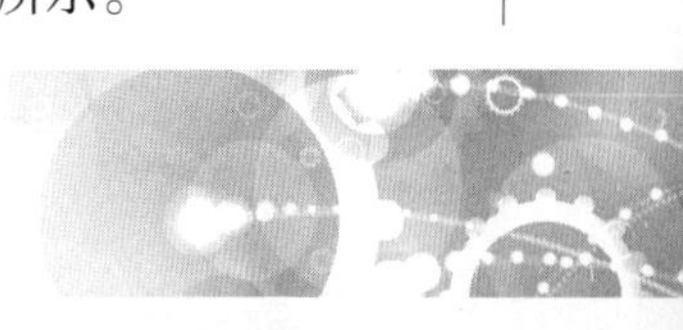

7. 韭菜

韭菜属香辛叶菜类蔬菜，又称起阳草、懒人菜。韭菜茎粗色白，叶细长扁平且柔软，表面光滑，叶色深绿，味道清香。韭菜以炒食为多，也可焯水后凉拌，做配料可用于炒、熘、爆等菜式。韭菜还可做馅心料，做调料运用也较广。

韭菜以植株粗壮鲜嫩，叶肉肥厚，不带烂叶、黄叶，中心不抽薹者为佳。韭菜产于春夏两季，以春季所产为佳，我国各地均有栽种。韭菜如图 2—7 所示。

图 2—6　甘蓝

图 2—7　韭菜

8. 芹菜

芹菜属香辛叶菜类蔬菜，又称芹、旱芹、药芹、香芹等。叶柄细长，中空或实心，质地脆嫩，有特殊的芳香味。芹菜根据叶柄的色泽可分为青芹和白芹。引进品种西芹，其叶柄宽扁且肥厚，多为实心，味淡，脆嫩。芹菜适用于炒、炝、拌等烹调方法，也可用于制作馅心或腌、渍、泡制小菜，有时还可作为调味品。

芹菜以叶柄充实肥嫩、不带老梗和黄叶、色泽鲜绿或洁白、香味浓厚、无花薹者为佳。芹菜四季均产，以秋末和冬季所产为佳，我国各地均有栽种。芹菜如图 2—8 所示。

图 2—8　芹菜

9. 芫荽

芫荽属香辛叶菜类蔬菜，又称香菜、胡荽、香荽等。芫荽茎叶互上，分为多枝，叶柄较短，色绿，含有挥发性油，芳香味特别浓郁。芫荽以生食为主，多用于拌、煮等烹调方法，可辅助调味增香。

芫荽以叶柄粗壮、色泽青绿、香气浓郁、无烂叶、不抽薹者为佳。芫荽产于春季、秋季、冬季，以春季所产为佳，我国各地均有栽种。芫荽如图 2—9 所示。

10. 茴香

茴香属香辛叶菜类蔬菜。茴香茎直立，梗叶细小，有分枝，叶色浓绿，叶羽状分裂，裂片丝状，全株有粉霜和强烈的芳香气味。茴香多用于炒，也可用于制作馅心和调味料。

茴香以色绿、味香、体茂者为佳。茴香四季均产，夏季盛产，在我国北方地区较常见。茴香如图 2—10 所示。

图 2—9　芫荽

图 2—10　茴香

11．葱

葱属香辛叶菜类蔬菜。葱茎为黄白色，质地脆嫩，葱叶为圆筒形，前端尖、中空、油绿色，含有挥发性油，具有特殊的辛香味。葱有大葱、小葱之分，大葱可做菜，小葱多做香辛调味品。葱是重要的调味品，除有去腥增香的作用外，还能改善食品的风味，适用于炒、烧、扒、拌等烹调方法，也可生食，还可用于制作馅料。

葱以茎粗长、质细嫩、叶茎包裹层次分明为好，作为调料，以辛香味浓者为佳。葱产于春秋两季，我国各地均有栽种。葱如图 2—11 所示。

12．蒜苗

蒜苗属香辛叶菜类蔬菜，又称青蒜。蒜苗茎呈圆柱形，青白色，叶实心扁平，绿色或灰绿色，有独特的香辣味。蒜苗适用于炒、烧等烹调方法，也可作为菜肴的配料起调味作用。

蒜苗以选用能抽薹的大蒜长成的香蒜苗为好，其香味浓郁，株条整齐均匀，无烂叶、黄叶，根须不带泥土。蒜苗产于秋末冬初，我国各地均有栽种。蒜苗如图 2—12 所示。

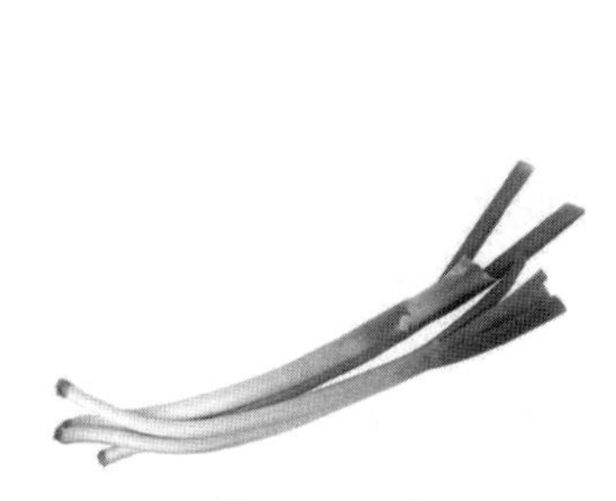

图 2—11　葱

图 2—12　蒜苗

13．荠菜

荠菜又称护生草、菱角菜。荠菜叶片为羽状分裂，或少数浅裂。叶面微有茸毛，成株有叶 20 片左右。荠菜的品种可分为板叶和散叶两种。板叶种的叶浅绿色，大而厚，耐热，易抽薹，产量较高；散叶种的叶深绿，叶片短小而薄，耐热，香气浓，味鲜，产量低。荠菜

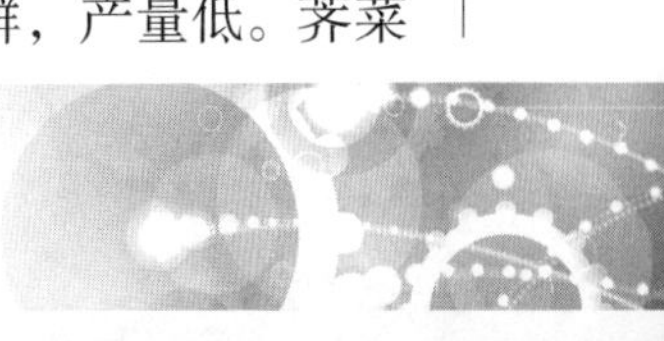

适于拌、炝、炒、煮等，还可做配料及包子、饺子、春卷等的馅心。

荠菜的品质以叶片肥大而厚、不抽薹、香气浓、味鲜者为佳。荠菜大量产于春季，全国各地均有生长。荠菜如图 2—13 所示。

14. 苋菜

苋菜又称红米苋。苋菜叶卵圆形、圆形或披针形，紫色、黄绿色或绿色间紫色。苋菜按叶片颜色的不同，可分为绿苋、红苋、彩苋三个类型。苋菜质地柔嫩、多汁，适于炒或做汤菜，也可稍烫后凉拌。

苋菜以质嫩软滑、叶圆片薄、色泽深绿者为佳。苋菜产于春季、夏季、秋季，全国各地均有种植。苋菜如图 2—14 所示。

图 2—13 荠菜

图 2—14 苋菜

二、根菜类

根菜类蔬菜是指以植物膨大的根部作为食用部位的蔬菜。根菜按其肉质根的生长形状不同，可分为肉质直根和肉质块根两种。

1. 萝卜

萝卜属肉质直根类蔬菜，又称莱菔、芦菔。萝卜皮色多样，质地脆嫩，含水分多，味甜清香。萝卜经腌制后，可制酱菜、萝卜干等。萝卜的烹制方法较多，适于烧、拌、做汤、炝、炖、煮等，与牛、羊肉一起烧还具有去膻味作用，萝卜可用于糕点、小吃的制作，此外，萝卜还是食品雕刻的重要原料，可用于菜点的装饰和点缀。

萝卜以个体大小均匀，无病虫害，无糠心、黑心和抽薹，新鲜、脆嫩、无苦味者为佳。萝卜因品种不同一年四季均产，以冬季所产量大、质佳，全国各地均有栽种。萝卜如图 2—15 所示。

2. 胡萝卜

胡萝卜属肉质直根类蔬菜，又称红萝卜、黄萝卜、丁香萝卜等。胡萝卜颜色鲜艳，质细味甜，脆嫩多汁，芳香甘甜。胡萝卜可生食，也可制作面食，还可腌制加工成蜜饯、果酱、菜泥和饮料等。胡萝卜素是脂溶性物质，应用油炒熟或与肉类一起炖煮后食用，以利吸收。

胡萝卜以表皮光滑、形态整齐、心柱小、肉厚、无裂口和病虫伤害者为佳。胡萝卜一年四季均产，以秋末冬初所产最佳，全国各地均有栽种。胡萝卜如图 2—16 所示。

图 2—15　萝卜

图 2—16　胡萝卜

3．地瓜

地瓜属肉质块根类蔬菜，又称豆薯、冷薯、沙葛、土瓜。地瓜形体膨大呈纺锤形，块根肉质呈白色，质脆嫩，味甜多汁，含淀粉较多。地瓜适于炒、烧、炝、煮等烹调方法，老的地瓜可制取淀粉。

地瓜以个儿大均匀、肉质脆嫩、多汁甘甜、肉色洁白、无伤痕、不霉烂者为最佳。地瓜产于夏末秋季，在我国南部和西南各地栽种。地瓜如图 2—17 所示。

4．根用芥菜

根用芥菜属肉质直根类蔬菜，又称大头菜、疙瘩菜等。根用芥菜直根肥大，其肉质根有圆锥、圆柱、扁圆等形状，上部绿色，下部灰白色，质地紧密脆嫩，鲜品有特殊的辛辣味。鲜品根用芥菜适于炒、煮、烧等烹调方法，还可以做汤，也可以制成腌菜、泡菜、酱菜、辣菜和干菜等，其腌制品是四川四大腌菜之一。

根用芥菜以形状端正、皮嫩洁净、含水量少、无空心、无分叉者为佳。根用芥菜产于春季，在全国各地均有栽种，西南地区尤为普遍。根用芥菜如图 2—18 所示。

图 2—17　地瓜

图 2—18　根用芥菜

三、茎菜类

茎菜类蔬菜是指以植物的嫩茎或变态茎作为主要食用部位的蔬菜。茎菜类蔬菜按其生长环境可分为地上茎蔬菜和地下茎蔬菜两类。地上茎类蔬菜主要包括嫩茎类蔬菜和肉

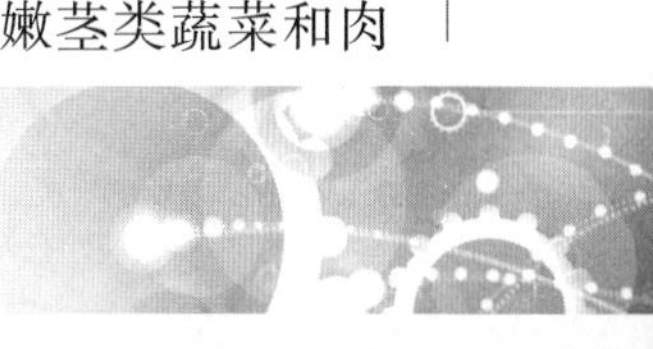

质茎类蔬菜，地下茎类蔬菜包括球茎类蔬菜、块茎类蔬菜、根状茎类蔬菜和鳞茎类蔬菜。

1. 莴笋

莴笋属地上嫩茎类蔬菜，又称青笋。莴笋茎直立，呈棍棒状，肥大如笋，叶形因品种而异，有长椭圆形、舌形和披针形三种，色泽有绿、灰绿、紫红等，质地脆嫩，清香鲜美。莴笋的茎和叶均可食用，适用于烧、拌、炝、炒等烹调方法，也可制作汤菜和做配料等，还能作为食品雕刻的原料。此外，莴笋还可制作腌菜、酱菜等加工品。

莴笋以粗短条顺，不弯曲，皮薄质脆，水分充足，不空心，不抽薹，表面无黄斑，不带老叶、黄叶者为佳。莴笋一年四季均产，以春初所产为佳，在全国各地均有栽种。莴笋如图 2—19 所示。

2. 竹笋

竹笋属地上嫩茎类蔬菜。竹笋表面有革质叶片，具燧毛，外壳硬，内肉质，色黄白，质脆嫩，味清鲜微苦。竹笋可鲜食，也可加工成干制品和罐头，适于烧、炒、拌、煸、焖、烩等烹调方法，既可做主料，也可做配料，还能做点心的馅料。

竹笋以新鲜质嫩、肉厚、节间短、肉质呈乳白色或淡黄色、无霉烂、无病虫害者为佳。竹笋春季、夏季、冬季均产，以冬季所产品质最好，在我国南方各地均有栽种。竹笋如图 2—20 所示。

图 2—19 莴笋

图 2—20 竹笋

3. 芦笋

芦笋属地上嫩茎类蔬菜，又称石刁柏、龙须菜。芦笋质地脆嫩，清香可口，是一种名贵蔬菜。芦笋按其栽培方法的不同，有绿芦笋和白芦笋之分。芦笋烹饪中多用于扒、炒、煨、烧、拌、烩等烹调方法，可制冷菜，亦可制热菜，还可用于荤菜的垫底、围边等。白芦笋可制罐头。

芦笋以鲜嫩条直、体形完整、尖端紧密、无空心、无开裂者为佳。芦笋产于夏季，在我国山东、浙江、天津、河南、福建等省市栽种较多。芦笋如图 2—21 所示。

4. 菜心

菜心属地上嫩茎类蔬菜，又称菜薹。菜心茎粗，叶茂盛，呈绿色，口感脆嫩，清香爽口。菜心适于炒、烧、拌、扒、烩等烹调方法，并可干制或腌制。

菜心以植株粗壮、无黄叶、无烂叶、不开花者为佳。菜心产于冬末春初，主要在广东、广西栽种，全国其他地方有少量栽种。菜心如图 2—22 所示。

图 2—21　芦笋

图 2—22　菜心

5. 茎用芥菜

茎用芥菜属地上肉质茎类蔬菜，又称青菜头、菜头、羊角菜。茎用芥菜的肉质茎粗大，呈不规则的瘤状，皮色青绿，肉质脆嫩，具有特殊的芥菜的香辣味。茎用芥菜主要用来加工榨菜，是四川四大腌菜之一，为我国著名特产。

茎用芥菜以个头大、皮薄、无泥土、起包多、质脆嫩、肥厚者为佳。茎用芥菜产于冬季，在四川、浙江等地栽种较多。茎用芥菜如图 2—23 所示。

6. 荸荠

荸荠属地下球茎类蔬菜，又称地栗、马蹄、乌芋、地梨。荸荠球茎呈扁圆球形，表面平滑，呈深栗或枣红色，有环节 3 ~ 5 圈，并有短啄状顶芽与侧芽聚生一起。肉质洁白，味甜多汁，清脆可口。荸荠可加工做淀粉、制罐头，可做水果生食，也可做蔬菜利用，适于炒、烧、炸等。

荸荠以个大新鲜、皮薄肉细、味甜质脆、无渣者为佳。荸荠产于冬季，在我国长江流域以南各省均有栽种。荸荠如图 2—24 所示。

图 2—23　茎用芥菜

图 2—24　荸荠

7. 慈姑

慈姑属地下球茎类蔬菜，又称茨姑、剪头草。慈姑球茎生于沼泽、水田或浅水沟中，其球茎膨大，呈圆形或长圆形，上有肥大顶芽，表面有几条环状节，呈浅黄色，质地脆嫩，味甘甜，富含淀粉。慈姑适于炒、烧、煨、炖、煮等烹调方法，由于其淀粉含量丰富，故可做粮食的代用品，也是提取淀粉的原材料。

慈姑以个大多汁、肉质细致松爽、甜味浓、无苦味、淀粉含量多、色白、耐储存者为佳。慈姑以长江流域以南各省、太湖沿岸及珠江三角洲为主产区，产于秋末冬初。慈姑如图 2—25 所示。

8. 芋

芋属地下球茎类蔬菜，又称芋艿、毛芋、芋头。芋由母芋和芋儿群生，两者表面均有棕黑色须根，肉质黏液多，富含淀粉。母芋质细脆，芋儿质软糯，具有独特的甜香味。芋适于烧、烩、蒸、炖、煮等烹调方法，可单独制作素菜，也可做荤菜的配料，还可以用于制作小吃。

芋以淀粉含量高、肉质松软、香味浓郁、耐储存者为佳。芋产于秋季，全国各地均有栽种。芋如图 2—26 所示。

图 2—25　慈姑

图 2—26　芋

9. 马铃薯

马铃薯属地下块茎蔬菜，又称土豆、地蛋、山药蛋、洋山芋。马铃薯呈圆形、长筒形、卵形或椭圆形，表皮通常有红、黄、白、紫等色泽，富含淀粉。马铃薯适于炒、煮、烧、炸、煎、煨、蒸等烹调方法，可做主食，亦可制作菜肴，还可用于食品雕刻，此外还是制淀粉和酒精的原料。

马铃薯以体大形正、整齐均匀、皮薄而光滑、芽眼较浅、肉质细密、味道纯正者为佳。因发芽和绿皮的马铃薯含有龙葵素，最好不要食用，防止中毒。马铃薯产于夏秋两季，全国各地均有栽种。马铃薯如图 2—27 所示。

图 2—27　马铃薯

10. 山药

山药属地下块茎类蔬菜，又称怀山药。山药地下根呈圆柱形肉质块茎，茎肉白色，质硬脆细腻，富含淀粉。一般常见的有紫皮山药、白山药和麻山药。紫皮山药外皮浅紫色，毛眼稀少而浅，质细，有黏液；白山药薯根较短且粗，外皮为黄白色，皮薄质细，品质优良；麻山药薯块形多弯曲，较粗糙，质地疏松，水分大，口感粗，品质较次。山药可制淀粉，适于炒、蒸、烩、扒、拔丝等烹调方法。

白山药品质优良，麻山药品质较次。山药产于秋季，全国各地均有栽种。山药如图 2—28 所示。

11. 藕

藕属地下根状茎类蔬菜，又称莲、莲藕、莲菜、菜藕、果藕。莲藕地下茎长而肥大，由多段藕节组成，内有孔道，皮色黄白，含丰富淀粉。肥大地下茎味甜、多汁，为食用部分。莲藕的品种较多，可分为藕用种、莲籽用种和花用种。作为蔬菜食用以藕用种为主，著名品种有苏州花藕、杭州白花藕、长沙大叶红等。藕可以加工成藕粉、蜜饯，适于炒、炸、拌、烧、炖、酿等烹调方法。

藕以身肥大、肉质脆嫩、水分多而甜、带有清香味者为佳。藕产于秋季，全国各地均有栽种。藕如图 2—29 所示。

图 2—28　山药

图 2—29　藕

12. 姜

姜属地下根状茎类蔬菜，又称生姜、黄姜。生姜的地下茎肥大，为肉质，表皮薄，淡黄色、肉黄色或浅蓝色。姜在嫩芽及节处有鳞片，鳞片为紫红色或粉红色，肉质茎具辣味，为食用部分。姜的品种按用途可分为嫩姜和老姜。嫩姜一般水分含量大，纤维少，辛辣味淡薄，除做调味品外，可炒食、制作姜糖等；老姜水分少，辛辣味浓，多做调味料。姜能腌制、糖渍，也可制姜汁、姜酒、姜油。在烹调中，老、嫩姜要分别使用。老姜是烹调中除异味、增鲜味的重要调料，嫩姜适合炒、拌、泡、爆、酱制等烹调方法。

姜以不带泥土和毛根、块大、根茎长而丰满、味浓、不烂、无虫伤、无干瘪者为佳。姜产于秋季，在我国中部和南部普遍栽种。姜如图 2—30 所示。

图 2—30　姜

13. 洋葱

洋葱属地下鳞茎类蔬菜，又称葱头、圆葱。洋葱头近圆球形，皮多数为红白色，层层紧裹，质脆嫩，味辛辣而微甜。洋葱适于炒、拌、泡、煎、爆等烹调方法，多做配料使用，洗净后可生吃。洋葱是西餐的主要蔬菜之一。

洋葱以葱头肥大、外皮有光泽、无泥土和损伤、鳞片紧密、不抽薹、辛辣味和甜味浓者为佳。洋葱产于春夏两季，全国各地均有栽种。洋葱如图 2—31 所示。

14. 大蒜

大蒜属地上鳞茎类蔬菜，又称蒜头、胡蒜、独蒜。大蒜鳞茎发达，有圆球形、扁球形及圆锥形，其茎盘侧芽发育成蒜瓣。开花时抽出的花茎即为蒜薹。大蒜依蒜瓣的多少可分为大瓣种和小瓣种。大蒜是重要的调味品，具有增加风味、去腥除异、杀菌消毒的作用，与葱、姜、辣椒并称为调味四辣，可用于生食凉拌、烹调、糖渍、腌渍或制成大蒜粉。

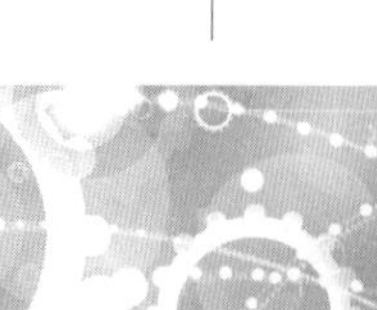

大蒜以瓣大、辛香味浓、无虫蛀者为好，尤以独蒜最佳。大蒜产于春末夏初，全国各地均有栽种。大蒜如图 2—32 所示。

图 2—31 洋葱

图 2—32 大蒜

15. 百合

百合属鳞茎类蔬菜，又称菜百合。百合鳞茎为球形或扁球形，由数个鳞片组合而成，鳞片为宽卵形、卵状披针形至披针形，鳞片有白色、灰色和淡黄色，肉质肥厚，为食用部分。百合可提取淀粉制作糕点，腌制后可制作蜜饯。百合常用于甜菜的制作，适于蒸、烧、炒、炖、熘等烹调方法，可做肉类、蛋类的配料制作咸鲜味菜肴。此外，百合还可与绿豆等合制成夏季清凉饮料。

百合以鳞茎完整、色味纯正、无泥土、无损伤者为佳。百合产于秋季，在我国北方以及长江流域均有栽种。百合如图 2—33 所示。

图 2—33 百合

四、花菜类

花菜类蔬菜是指以植物的嫩幼花部器官作为食用对象的蔬菜。该类蔬菜品种不多，但经济价值和食用价值较高。

1. 花菜

花菜又称花椰菜、菜花。花菜叶片长卵圆形，前端稍尖，叶柄稍长，茎顶端形成白色肥大花球，为原始的花轴和花蕾，整个茎呈半圆球状，质地细嫩清香，滋味鲜美，极易消化。花菜可酱渍、酸渍或制成泡菜，适于炒、烩、焖、拌等烹调方法。

花菜以花球色泽洁白，肉厚而细嫩、坚实，花柱细，无病伤，不腐烂者为佳。花菜每年冬春季大量上市，原产地中海东部沿岸，由甘蓝演化而来，我国各地均有栽培，以华南生产较多。花菜如图 2—34 所示。

2. 西蓝花

西蓝花属花菜类蔬菜，又称青花菜、绿花菜、茎椰菜。西蓝花主茎顶端形成绿色或紫色的肥大花球，表面小花蕾松散，不及花椰菜紧密，花茎较长，其质地脆嫩清香、色泽深绿，风味较花菜更鲜美。西蓝花适用于炒、拌、炝、烩、烧、扒等烹调方法。

西蓝花以色泽深绿、质地脆嫩密实、叶球松散、无腐烂、无虫伤者为佳。西蓝花全年均有应市，原产意大利，我国云南、广东、福建、北京、上海等地也有种植。西蓝花如图 2—35 所示。

图 2—34　花菜

图 2—35　西蓝花

3. 黄花菜

黄花菜又称金针菜、黄花。黄花菜叶片狭长，丛生，绿色，花蕾黄色或黄绿色，花瓣基部愈合呈桶状。黄花菜以临近开放的新鲜花蕾或蒸制成熟的干花蕾供食用。干品花蕾色黄、细长似金针，故称金针菜，柔嫩而有弹性，具有特殊的清香味。其鲜品是花蕾未开放时（此时花色鲜黄，质量佳）采摘使用的，具有浓郁的山野异香。黄花菜适用于炒、煮、熘等烹调方法，多用于菜肴配料。由于鲜黄花菜中含有秋水仙碱，食用后会在体内氧化成有很大毒性的物质——二秋水仙碱，故鲜食黄花菜时要煮透，或烹调前用热水浸泡数小时，以除去秋水仙碱。

鲜黄花菜以洁净、鲜嫩、不蔫、不干、花未开放、无杂物者为佳，干菜以色泽黄亮、肥嫩、清洁无霉、韧性好、水分少、味清香者为佳。黄花菜产于夏季，在全国各地均有栽种，以云南、湖南、江苏、四川、山西、浙江等省产量较大。黄花菜如图 2—36 所示。

4. 韭菜花

韭菜花又称韭菜薹。韭菜花为韭菜的花茎，花茎从叶丛中抽出，呈三棱棍形，花蕾紧抱或散开，其茎秆色深绿，口感脆嫩清香且辛味浓厚。韭菜花适用于炒、炝、拌等烹调方法，常作为菜肴配料使用。

韭菜花以茎秆粗壮、色泽浅绿、花未开放的嫩品为佳。韭菜花产于秋季，全国各地均有栽种。韭菜花如图 2—37 所示。

图 2—36　黄花菜

图 2—37　韭菜花

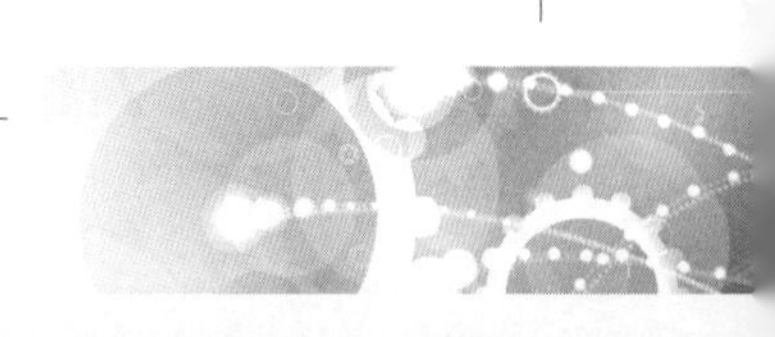

五、果菜类

果菜类蔬菜是指以植物的果实或幼嫩的种子作为主要食用部位的蔬菜。依食用果实的构造特点不同，可将果菜分为豆类、茄果类和瓜菜类三类。

1. 豆类蔬菜

（1）豇豆。豇豆又称豆角、长豆角、带豆、裙带豆等。豇豆依其荚果的颜色可分为青荚、白荚和红荚三类。豇豆适于烧、炒、煮、蒸、焖等烹制方法，还可烫熟后凉拌。豇豆老熟的种子可做粮食，制作豆汤、豆饭等多种粥饭类食品。豇豆也可加工成腌菜、酱菜或泡菜等。

如豇豆加工成腌菜、酱菜、泡菜或干菜的，应选用幼嫩细小的豆荚，肉质紧实，种仁尚未长成或长得很小的。如用其他烹调方法的，以选择豆荚肥大、浅绿或绿白色的、无虫蛀、根条均匀者为佳。豇豆产于夏季，我国各地均有栽种，豇豆如图 2—38 所示。

（2）四季豆。四季豆又称菜豆、芸豆、扁豆、豆角。四季豆豆荚断面呈扁平或近圆形，绿色或黄色，肉质细嫩，味鲜清香。四季豆适于炒、烧、焖、煸、拌等烹调方法，老的种子可制作豆沙、豆泥。烹调加热时间应稍长，以彻底保证四季豆熟透，避免中毒。

四季豆以豆荚鲜嫩肥厚，折之易断，色泽鲜绿，无虫蛀、斑点者为最佳。四季豆产于夏至到立秋间，全国各地均有栽种。四季豆如图 2—39 所示。

图 2—38　豇豆

图 2—39　四季豆

（3）蚕豆。蚕豆又称胡豆、罗汉豆、佛豆。蚕豆嫩时为翠绿色，稍老时为黄绿色，肉质软糯、鲜美、微甜。成熟的蚕豆种子富含淀粉、蛋白质，可以制作粉丝、粉条，也可做粮食，还是制作多种炒货的原料，还可发酵后制成豆酱。蚕豆适于炒、烧、煮、烩、拌等烹调方法。

蚕豆以色绿、颗粒肥大饱满、无虫蛀、无损伤者为佳。蚕豆产于春季，主要产于我国长江以南各省，西北高寒地带也较普遍栽种。蚕豆如图 2—40 所示。

（4）刀豆。刀豆又称大刀豆、中国刀豆。刀豆有蔓生刀豆和矮生刀豆两种，嫩豆荚为其食用部位，质地柔嫩，肉厚味鲜。刀豆可用于制作腌酱菜，干的种仁可煮食或磨粉制作糕点小吃，适于炒、烧、煮等烹调方法。

刀豆以质嫩、肉荚肥厚、无虫蛀者为佳。刀豆产于秋季，我国各地均有栽种。刀豆如图 2—41 所示。

图 2—40　蚕豆

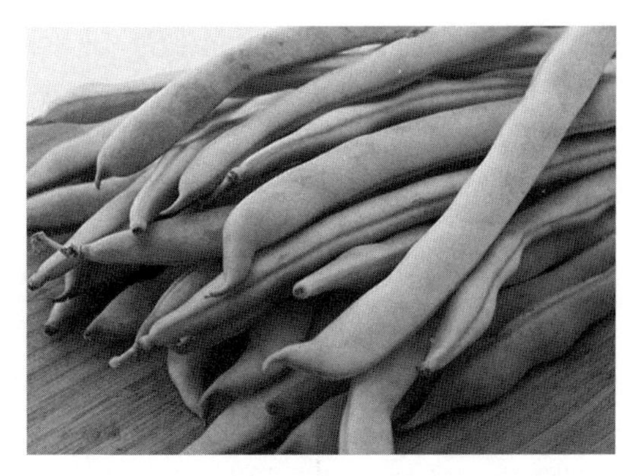

图 2—41　刀豆

（5）豌豆。豌豆又称回豆、荷兰豆、麦豆。豌豆按豆荚的结构可分为硬荚和软荚两类。硬荚类豌豆的豆荚不可食用，以种子（即青豆粒）供食；软荚类豌豆所结嫩荚，其味清香质嫩，略带甜味。豌豆嫩梢也可食用，是优质的鲜菜，称豆苗，其质柔软细嫩，清香。豌豆老熟的籽可当粮食，还可加工成粉丝、粉皮等。豌豆荚适于炒、烧、煮、焖、熘、烩等烹调方法，嫩豌豆（青豆）适于炒、烧、烩、做汤等烹调方法，豌豆苗适于炒、炝、涮、做汤等烹调方法。

豌豆荚以荚肉肥厚扁宽、豆筋少，色深绿者为好；嫩豌豆（青豆）以颗粒饱满、均匀，色翠绿者为好；豌豆苗以叶、茎粗壮而嫩，色碧绿者为好。豌豆产于春夏两季，在我国各地均有栽种。豌豆苗如图 2—42 所示。

2. 茄果类蔬菜

（1）茄子。茄子属茄果类蔬菜，又称茄瓜、矮瓜、落苏、呆菜子、昆仑瓜。茄子浆果为紫色、白色或绿色，形状有球形、扁圆形、长卵形、长条形等，肉质柔软，皮薄肉厚。茄子品种极多，由于品种不一，性质略有不同，但一般果肉都为白色，质地软嫩。茄子可制作腌、酱制品，还可以干制，适于炒、烧、烩、拌、煎、蒸、煮、干煸等烹调方法。

茄子以果形端正、有光泽、老嫩适度、无裂口、皮薄籽少、肉厚细嫩者为佳。茄子产于夏秋两季，我国各地均有栽种。茄子如图 2—43 所示。

图 2—42　豌豆苗

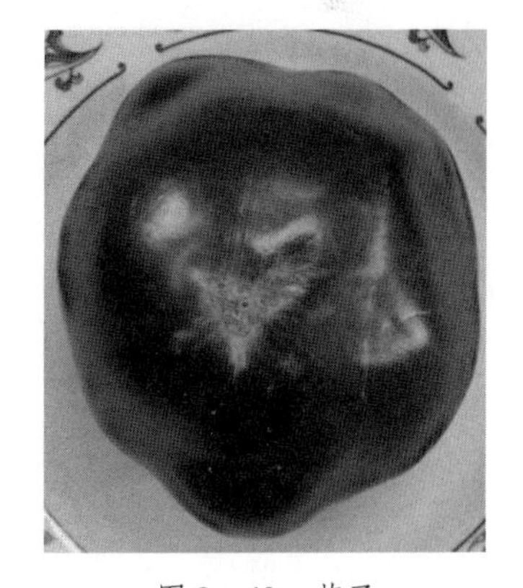

图 2—43　茄子

（2）辣椒。辣椒属茄果类蔬菜，又称灯笼椒、菜椒、青椒、番椒、海椒、辣茄。辣椒有许多品种和变种，其嫩果未成熟时为绿色，称为青椒；成熟后一般为红色或橙黄色，称为红椒。辣椒表面光滑，形状各异，有圆形、圆锥形、长方形、长角形和灯笼形等。根

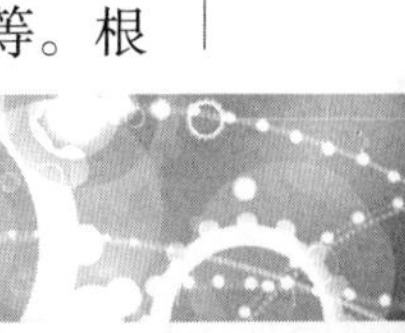

据辣味的有无，辣椒又可分为甜椒和辛椒两类，甜椒一般仅做蔬菜，味甜，肉厚，果形大，产量高，耐储存、运输；辛椒果形较小，肉薄，辛辣味浓烈，除做蔬菜外，干制后的红辣椒还广泛当调料使用。辣椒可制作腌菜和泡菜。辣椒是重要的辣味调味料，可加工成干辣椒、辣椒粉、辣椒油等制品，适于炒、烧、拌、煎、爆、熘、泡、煸等烹调方法。

辣椒以肉厚、体完整、无外伤、无虫蛀者为佳。辣椒产于夏秋两季，我国各地均有栽种，以四川、湖南等省最为普遍。辣椒如图 2—44 所示。

（3）番茄。番茄属茄果类蔬菜，又称西红柿、洋柿子。番茄形态多样，果皮色彩丰富、娇艳，表面平滑，肉质多汁，味酸甜兼具。番茄可做水果生食，可炒、蜜渍、做汤等，也可凉拌做冷菜，还是加工番茄酱、番茄汁的原料。

番茄以果形端正，无裂口、虫咬，肉肥厚，心室小，甜酸适口者为佳。番茄产于夏秋两季，全国各地均有栽种。番茄如图 2—45 所示。

图 2—44　辣椒

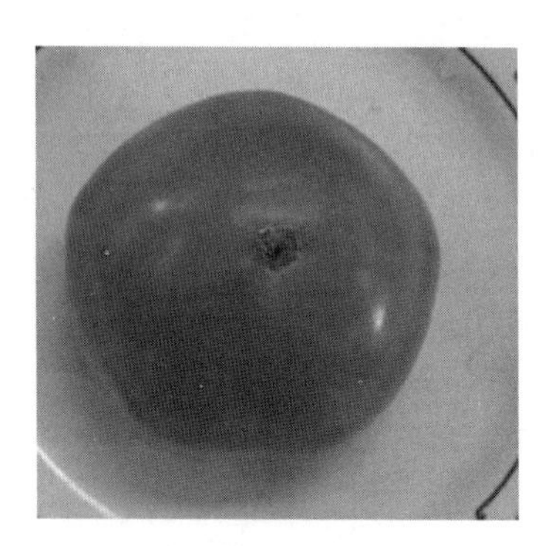

图 2—45　番茄

3. 瓜果类蔬菜

（1）黄瓜。黄瓜又称胡瓜、玉瓜。黄瓜果实呈长形或棒形，皮薄肉厚，肉质脆嫩，胎座含籽，果面具有小刺突起，果皮绿色。黄瓜品种按外观形状不同，可分为刺黄瓜、鞭黄瓜和秋黄瓜三类。黄瓜可生吃凉拌，也可炒、烧、烩、焖等熟吃，可做汤菜和配料，做热菜的围边装饰，还可做酱菜和腌菜。

黄瓜以长短适中、粗细适度、皮薄肉厚、籽瓤少、质脆嫩、味清香者为佳。黄瓜产于夏秋两季，全国各地均有栽种。黄瓜如图 2—46 所示。

图 2—46　黄瓜

（2）冬瓜。冬瓜又称白冬瓜、枕瓜等。冬瓜果实长圆或近球形，果皮青绿、灰绿、深绿或白色，表面被白粉，皮厚肉白，肉质爽脆。冬瓜可用于蜜饯的加工，还可做食品雕刻的原料，适于炒、烧、烩、煮、蒸、炖、扒、酿等烹调方法。

冬瓜以体大肉厚、心室小、皮色青绿、形状端正、外表无斑点和外伤、皮不软者为佳。冬瓜产于夏秋两季，我国各地均有栽培，广东产量较大。冬瓜如图 2—47 所示。

（3）南瓜。南瓜属瓜类蔬菜，又称番瓜、倭瓜。南瓜的品种按果实的形状可分为圆南瓜和长南瓜两类。圆南瓜果扁圆或圆形，果实深绿色有黄色斑纹；长南瓜果实长，头部膨大，果皮绿色有黄色斑纹。根据南瓜的成熟度可将其分为嫩南瓜和老南瓜。嫩南瓜皮薄，鲜嫩，清香微甜；老南瓜皮厚色黄，醇香甘甜。嫩南瓜适于炒、烧等烹调方法，老南瓜适于烧、烩、煮、蒸、炸等烹调方法，可做馅心。

南瓜以形状端正、肉厚体大、肉质结实、色黄、无外伤者为佳。南瓜产于夏秋两季，我国各地均有栽种。南瓜如图 2—48 所示。

图 2—47　冬瓜

图 2—48　南瓜

（4）西葫芦。西葫芦又称美洲南瓜。西葫芦果实多长圆筒形，果面平滑，皮绿、浅绿或白色，具绿色条纹。成熟果黄色，蜡粉少。西葫芦嫩果适于炒等烹调方法，可做多种菜肴的配料，也可做点心的馅心料。

西葫芦春夏季大量上市，原产北美洲南部，我国各地均有栽种。西葫芦如图 2—49 所示。

（5）丝瓜。丝瓜又称布瓜、绵瓜、蛮瓜等。丝瓜有两个栽培种，即普通丝瓜和有棱丝瓜。品种有南京长丝瓜、湖南肉丝瓜、广东青皮丝瓜及长江流域各地栽培的棱角丝瓜等。丝瓜嫩果适于炒、烧、烩、煮等烹调方法，也可做汤，还可凉拌。此外，丝瓜还是多种菜肴的配料，有配色等作用。

图 2—49　西葫芦

丝瓜是夏季的主要蔬菜之一，原产于印度，我国各地都有栽种。丝瓜如图 2—50 所示。

（6）苦瓜。苦瓜又称凉瓜、锦荔枝、癞葡萄。苦瓜嫩果呈浓绿色至绿白色，成熟时橙黄色，果肉开裂，种子外有鲜红色肉质组织包裹，果味甘苦。苦瓜外形有短圆锥形、长圆锥形和长条形。苦瓜嫩果适于炒、烧、煎、煸、蒸、酿等烹调方法。

苦瓜在夏季大量上市，原产亚洲热带地区，我国各地均有栽种。苦瓜如图 2—51 所示。

六、食用菌类

食用菌类蔬菜是指以大型真菌的子实体作为食用部位的菌类。

1．金针菇

金针菇又称朴菇、毛柄金钱菇、构菇。菌盖小巧细腻，黄褐色或淡黄色，干部形似金针，口感脆滑，味道鲜美。金针菇可加工成罐头，也可鲜食，适于炒、烩、拌、涮等烹调方法，还可做多种原料的配料。

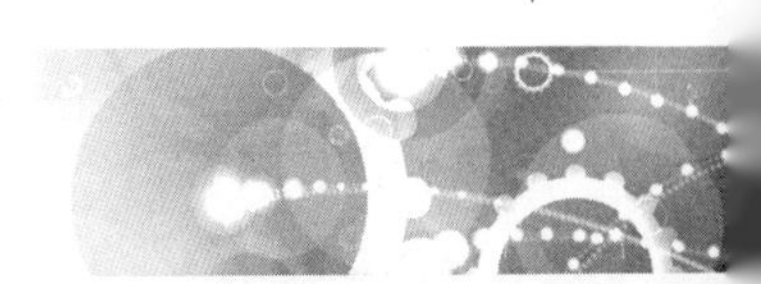

图 2—50 丝瓜

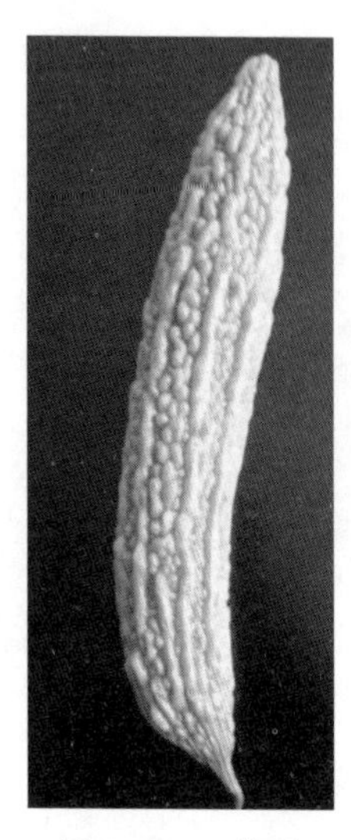

图 2—51 苦瓜

金针菇以干部根条粗细均匀、整齐干净，菌盖小巧，色黄褐或淡黄者为佳。金针菇产于夏季，全国各地均有栽种。金针菇如图 2—52 所示。

2. 蘑菇

蘑菇又称双孢蘑菇、洋蘑菇、白蘑菇，蘑菇菌盖初期呈扁半球形、半球形，有白色、奶油色和棕色三种，以白色栽培最多，菌盖后期近平展，光滑不黏，菌肉厚，紧密。菌褶密，初期淡红色，后变褐色。菌柄白色，不滑，近圆柱形，内部实质松软。蘑菇味道鲜美，口感细腻软滑，可加工成罐头，适于炒、烧、烩、熘等烹调方法，可做汤菜，也可制成馅心。

蘑菇以菇形完整、菌伞不开、结实肥厚、质地干爽、有清香味者为佳。蘑菇产于春季、秋季、冬季，我国华南、华中、东北、西北等地均有栽种。蘑菇如图 2—53 所示。

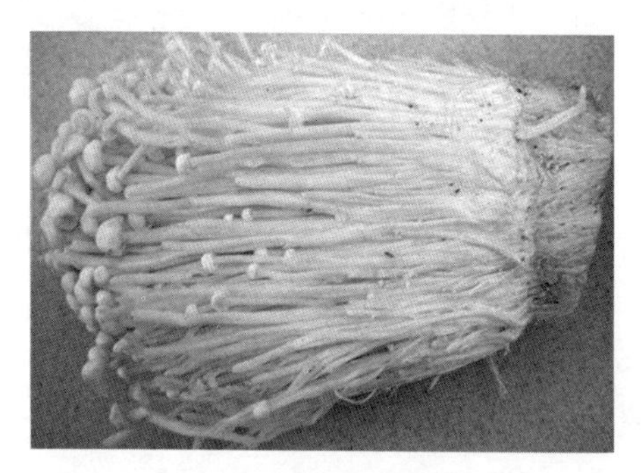

图 2—52 金针菇

图 2—53 蘑菇

3. 香菇

香菇又称冬菇、花菇、香菌、香蕈等。香菇子实体呈伞形，菌盖半肉质，菌肉白色，较厚，表面浅褐色或棕褐色，有的着生絮状鳞片，菌柄纤维质。其质地肥厚，嫩滑可口，味道特别鲜美。香菇可制作馅心，适于炒、烧、烩、拌、炝、炖、煎、煮等烹调方法。

香菇以菇香浓、菇肉厚实、菇面平滑、大小均匀、菌褶紧密细白、菇柄短而粗壮、菇面带有白霜者为佳。香菇产于春季、秋季、冬季，我国各地均有栽种。香菇如图 2—54 所示。

4. 草菇

草菇又称包脚菇、兰花菇、麻菇。草菇子实体伞形，分为菌盖、菌柄、菌托等几部分。菌盖灰色或黑灰色，有褐色条纹，菌柄白色，菌托在菌蕾期包裹菌盖和菌柄。草菇肉质滑嫩，香气浓郁，味鲜美，适于炒、烧、烩、焖、蒸、煮等烹调方法，也常用于制作汤菜及面臊等。

草菇以菇体粗壮均匀、质嫩肉厚、菌伞未开、清香无异味者为佳。草菇产于夏秋两季，在我国栽种较广，以广东、广西、湖南、福建、江西栽种较多。草菇如图 2—55 所示。

图 2—54　香菇

图 2—55　草菇

5. 平菇

平菇又称侧耳、北风菌。平菇子实体丛生或叠生，菌盖呈贝壳形，近半圆形至长形，菌肉白色，皮下带灰色，菌柄侧生。平菇肉厚肥大，质地嫩滑，滋味鲜美，可干制或制成罐头，适于炒、烧、拌、烩、焖等烹调方法，还可做汤及馅心。

平菇以色白、肉厚质嫩、形态完整者为佳。平菇产于夏秋两季，我国各地均有栽种。平菇如图 2—56 所示。

6. 鸡枞菌

鸡枞菌又称伞把菌、鸡肉丝菌。鸡枞菌子实体肉质，菌盖中央凸起，呈尖帽状或乳头状，深褐色，表面光滑或呈辐射状开裂，菌肉厚，白色菌盖中央生菌柄，粗细不等，其味鲜美，有脆、嫩、香、鲜的特点。鸡枞菌可干制或腌制，适于炒、爆、烩、烧、煮等烹调方法。

鸡枞菌以菌盖未开裂、菌肉厚实者为佳。鸡枞菌产于夏季，在江苏、福建、台湾、广东、云南、四川等地均有栽种。鸡枞菌如图 2—57 所示。

图 2—56　平菇

图 2—57　鸡枞菌

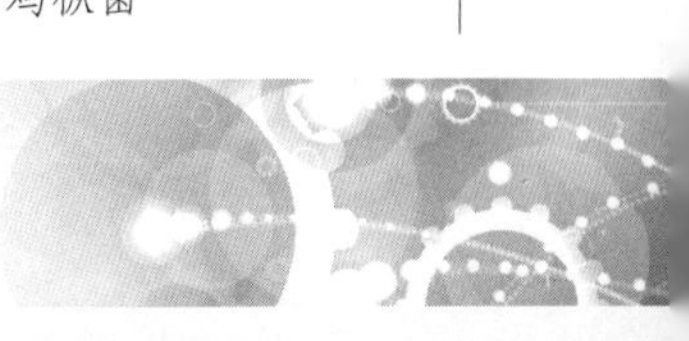

7. 杏鲍菇

图 2—58 杏鲍菇

杏鲍菇又名刺芹侧耳，被称为“平菇王”“干贝菇”。杏鲍菇菌盖为圆碟状，表面有丝状光泽，平滑、干燥，菌肉肥厚，质地脆嫩，特别是菌柄组织致密、结实、乳白，可全部食用，且菌柄比菌盖更脆滑、爽口。杏鲍菇具有杏仁香味和如鲍鱼的口感，适于炒、烧、炖、扒、烩等烹调方法，也可用于制作汤菜等。

杏鲍菇以色泽乳白、光滑、肉质肥厚、成熟度七成为佳。杏鲍菇产于夏季，多为人工培养，我国各地均有栽培。杏鲍菇如图 2—58 所示。

果品类原料

果品是指果树等植物所产的可直接生食的果实或可制熟食用的种子，也包括它们的加工制品。我国盛产果品，一年四季均有供应，夏秋两季尤多。

一、鲜果类

1. 苹果

苹果又称平波、频婆，是蔷薇科苹果属植物的果实。苹果果形呈圆、扁圆、长圆、椭圆等形状，果皮青、黄或红色，质地有脆嫩的，也有松泡的，口味甜酸爽口，营养丰富、滋味甜美。苹果品种有几百种，分早熟、中熟、晚熟等品种。早熟种如祝光（伏香蕉）、黄魁等，肉质松，味酸，不耐储存，产量较少。中熟种如红玉、黄元帅、红元帅等，有的品种果实质脆，有的果实质松，较耐储存。晚熟种如富士、国光、青香蕉等，质地坚实，脆甜稍酸，耐储性强。苹果可以加工成果干、果脯、果汁、果酱、果酒等产品。

苹果以个儿大均匀、皮色鲜艳、无疤痕、质脆、甜酸适口、味清香者为佳。苹果产于夏秋两季，全国各地均有栽种，东北、华北为主产区。苹果如图 2—59 所示。

图 2—59　苹果

2. 梨

梨又称玉乳、果宗、玉露，是蔷薇科梨属植物。果实呈球状卵形或近球形，果皮呈黄白色、绿色、绿中带黄、红褐色、青白色、暗绿色，果肉近白色，质地脆嫩多汁，气味芳香，清甜爽口。梨的品种很多，主要有秋子梨、白梨、沙梨、西洋梨四大类。其中以北京的京白梨、天津的鸭梨、莱阳的贡梨、新疆库尔勒的香梨和安徽砀山的酥梨等品质最佳，是我国果品中的名品。梨可以加工成梨膏、梨脯、梨干，是制醋、酿酒的原料，梨膏糖还是止咳的良药，梨适于炒、熘、扒、蒸、蜜汁、酿、拌、炖等烹调方法。

梨以个儿大均匀，皮薄、光洁，无伤痕，质地脆甜，细腻，水多，果肉清香者为佳。梨产于夏秋两季，全国各地均有栽种，以华北和西北为多。梨如图 2—60 所示。

3. 柑橘

柑橘包括柑和橘两大类型，属芸香科植物。

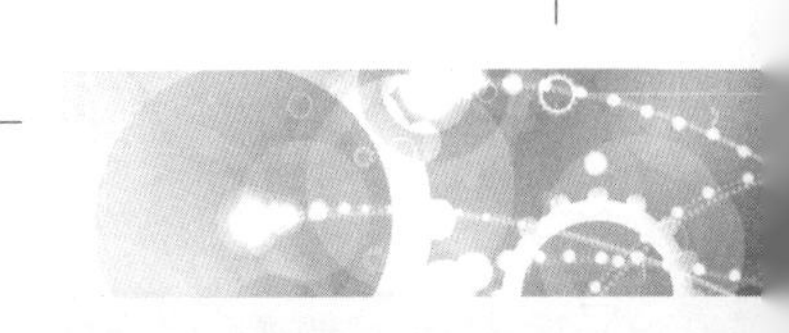

（1）橘。果实大小不一，果皮呈橙黄、橙红、朱红等色，细薄，极易剥离，囊瓣 7 ~ 14 瓣，果肉深红色。味甜或多酸。

（2）柑。果实比橘大，近球形，果皮橙黄，一般较厚，比橘紧，但可以剥离，囊瓣 9 ~ 11 瓣。果实汁液丰富，味酸甜。

柑橘的品种较多，如四川红橘、浙江黄岩蜜橘、福建芦柑、广东芦柑、温州蜜柑等。橘可以加工成罐头、果酱、果汁、果粉、果酒、果醋和蜜饯等，适于拔丝、煮等烹调方法，主要用于甜菜制作，也可用于冷盘拼摆、水果沙拉。

柑橘以个儿大均匀、无籽或少籽、水分充足、味甜、颜色红艳者为佳。柑橘产于秋冬两季，我国南方各地为其主要产区。柑橘如图 2—61 所示。

图 2—60　梨

图 2—61　柑橘

4. 橙

橙为芸香科柑橘属植物，果实近球形或长球形，果皮较粗糙但细密，略有皱纹，色橙黄或橙红，皮厚而紧密，果皮与果肉不易分离，果肉橙黄色至血红色，柔软多汁，味甜酸，有香味。橙按其果形特点，可分为普通甜橙、脐橙和血橙。橙可榨成果汁，适于拔丝、酿等烹调方法，也可单独或与其他水果一同烹制甜羹。

橙以皮薄、个儿大均匀、无籽或少籽、味甜多汁、带有浓郁香味者为佳。橙产于秋冬两季，我国南方各地为其主要产区。橙如图 2—62 所示。

图 2—62　橙

5. 柚

柚又称文旦、抛、香抛。果形较大，呈圆形或梨形，皮质粗糙，皮肉难分离，皮色呈青黄色或橙色，肉质有白色和红色两种，核较大，汁少味酸甜，有时略带苦味。柚子可鲜食，也可制蜜饯、罐头和果汁。作为调料的青红丝就是用柚皮加工而成的。

柚子以个大体重、肉嫩多汁、甜酸爽口者为佳。柚子产于秋冬两季，主要产于广东、福建、广西、四川等地。柚如图 2—63 所示。

6. 桃

桃果实表面有茸毛，果体近球形或扁圆形，顶部略尖，表面生茸毛，底部凹陷，呈黄白、浅黄或红黄等色。果肉呈白色、黄色或红黄色，肉质风味各异，有的紧密多汁，有的柔软多汁，有的香脆可口，其口味甜美，气味芳香诱人。桃的著名品种如华北的黄金桃、山东肥城桃、上海水蜜桃、天津水蜜桃。桃可以生食，还可以加工成桃脯、桃片、桃果酱及罐头等制品。

桃以大小适中、形状端正、色泽鲜艳、肉色白净、粗纤维少、肉质柔嫩、汁多味甜、香气浓郁者为佳。桃产于夏秋两季，全国各地均有栽种，浙江、江苏、山东、河南、河北和陕西栽培较多。桃如图 2—64 所示。

图 2—63　柚

图 2—64　桃

7. 香蕉

香蕉又称蕉子、蕉果，香蕉果形呈长圆条形，有棱，成熟时果皮呈黄色，易剥落，果肉白黄色，肉质柔软，滑软无籽，汁少味甘甜，气味芳香。其种类有香蕉、大蕉和粉蕉三大类。香蕉可以加工成罐头、香蕉干、香蕉酒，可从中提取香蕉香精，在食品加工中用于制作饼干、糖果和饮料。香蕉适于拔丝、炸等烹调方法，多用于制作甜菜，也可用于制作点心的馅料和水果沙拉。

香蕉以果实肥壮、果形整齐美观、皮薄、质柔软、味清香、无机械损伤、无疤痕和损伤者为佳。香蕉产于秋季，广东、广西、海南、福建等地广为栽种。香蕉如图 2—65 所示。

8. 葡萄

葡萄为葡萄科葡萄属植物，果实呈球形、椭圆形或扁圆形，色泽有黑、红、紫、黄或绿色等，有的品种果皮与果肉不易分离，果肉柔软较滑嫩，味酸甜。葡萄可酿酒，可制成葡萄干、果汁、果酱等，在烹调中主要适合制作甜羹或甜菜的配料，也可作为水果上宴席。

葡萄以粒大饱满、汁多无籽、味甜纯正、无损伤者为佳。葡萄产于秋季，我国各地均有栽种，以新疆、安徽、山东、河北、辽宁、河南栽种较多。葡萄如图 2—66 所示。

图 2—65　香蕉

图 2—66　葡萄

9. 柠檬

柠檬又称洋柠檬、益母果，果实呈椭圆形，两端突起如乳头，表面光滑，果皮厚，皮肉难剥离，成熟时为黄色，具有浓烈的香气和酸味。柠檬可加工成果汁、柠檬粉、柠檬酸、柠檬酒，配制汽水和糖果，还可制成蜜饯、果酱等。从柠檬中提取柠檬油是一种香料。烹调上，柠檬一般不生食，大多切片加入饮料或做菜肴的配料。

柠檬以果身坚实、色泽黄亮、油胞饱满、无疤痕、气味芳香扑鼻者为佳。柠檬产于秋季，广东、广西、福建、四川均有栽种。柠檬如图2—67所示。

10. 草莓

草莓又称洋梅、凤梨草莓，其果实为聚合果，呈圆锥形、圆形或心脏形，花托肉质化，呈红色，果肉柔软多汁，味酸甜。草莓可制作果酱、果汁、果酒和罐头，可拌以奶油或甜奶，制成奶油草莓食用，也可做水果上宴席鲜食。

草莓以果形整齐粒大、色泽新鲜、汁液多、香气浓、甜酸适口、无损伤者为佳。草莓产于春夏季，我国各地均有栽种。草莓如图2—68所示。

图2—67　柠檬

图2—68　草莓

11. 樱桃

樱桃又称荆桃、莺桃、含桃、中国樱桃，樱桃果实呈球形，果柄长，果实较少，鲜红色，果肉稍甜带酸。樱桃可以加工成果酱、果汁、果酒等，还可用于制作甜菜，也可用做配料和在菜肴中做围边装饰。

樱桃以果粒大且均匀，色泽鲜艳，柄短核小，味甜汁多，肉质软糯，无损伤、烂只者为佳。樱桃产于春夏两季，主要产于山东、安徽、江苏、辽宁、陕西、河南、新疆等地。樱桃如图2—69所示。

图2—69　樱桃

12. 菠萝

菠萝又称露兜子，果实呈长圆球形，果顶有冠芽，体表布满均匀的“刺”，果实肉质，果汁丰富，香味浓烈，口感酸甜。菠萝可鲜食，还可制成果汁、果酱、果醋、果酒、蜜饯、罐头等，适于拌、蒸等烹调方法，主要用于制作甜羹。

菠萝以个儿大、果形饱满、果身硬挺、肉厚质细、果皮光洁、色泽鲜艳、汁多味清香、无损伤者为佳。菠萝产于秋季，主产于广东、广西、福建、云南等地。菠萝如图2—70所示。

图2—70　菠萝

13. 荔枝

荔枝又称离支、火荔，果实呈心脏形或球形，外果皮革质，有瘤状突起，有红、紫红、青绿等色泽，果肉新鲜时呈半透明状，果皮与种子极易分离，味甘多汁，口感细腻。荔枝可以加工成干制品，用于各种面点馅心，也可制成罐头、果汁、果酱、果酒、蜜饯或制成荔枝茶饮用，适于炒、烧、炖等烹调方法，鲜荔枝可用于制作甜菜，也可做新鲜水果上宴席。

荔枝以个大核小、色泽鲜艳、肉厚质嫩、汁多味甘、富有香气为佳。荔枝产于秋季，主产于广东、福建、广西、四川等地。荔枝如图 2—71 所示。

14. 龙眼

龙眼又称桂圆、荔枝奴、圆眼，果实呈小圆球形，外皮薄，呈黄褐色，粗糙，果肉呈白色半透明状，味甜汁多，口感滑爽，在其内有黑褐色种子一枚。龙眼可供鲜食，也可用于制作甜羹，还可加工成罐头，煎制桂圆膏，干制成桂圆干。

龙眼以个儿大、皮薄、核小、果肉厚而细嫩、汁多味浓、纤维少者为佳。龙眼产于秋季，我国福建、广东、广西、四川、云南、台湾南部均有栽种。龙眼如图 2—72 所示。

图 2—71　荔枝

图 2—72　龙眼

15. 椰子

椰子又称奶桃、可可椰子，果实呈卵球状或近球形，外果皮薄，中果皮厚，纤维质，内果皮木质、坚硬，果腔内含种仁、胚乳状液体，种仁白色肉质，具有芳香味。新鲜的椰子果汁液丰富，果肉厚，质地洁白，味清香。椰子的果腔中含有白色肉质的种仁和乳白色的椰汁，椰汁除直接饮用外，还可炖、蒸制成菜。椰壳可制作椰盅，椰肉可加工成椰奶、椰蓉、椰丝、椰子酱罐头和椰子糖、饼干等。

椰子以果实新鲜、充分成熟、壳不破裂、汁液清白丰富、肉质油脂厚实、纯白不泛黄、富有清香者为最佳。椰子产于夏季，我国海南、台湾等地区均有栽种。椰子如图 2—73 所示。

16. 杧果

杧果又称檬果、蜜望子，杧果呈肾形或椭圆形，微扁，成熟时呈淡黄或淡绿色，果肉味甜，肉质细腻，气味香甜，汁多，口感滑爽。杧果可制成蜜饯、果干、果汁、罐头等，适于炒、熘、爆等烹调方法，可用于制作甜菜，也可做菜肴的配料，还可作为宴席的鲜食水果。

杧果以成熟度高、富有香气、肉质纤维少者为佳。杧果产于夏季，我国云南、广东、广西、福建、台湾均有栽种。杧果如图 2—74 所示。

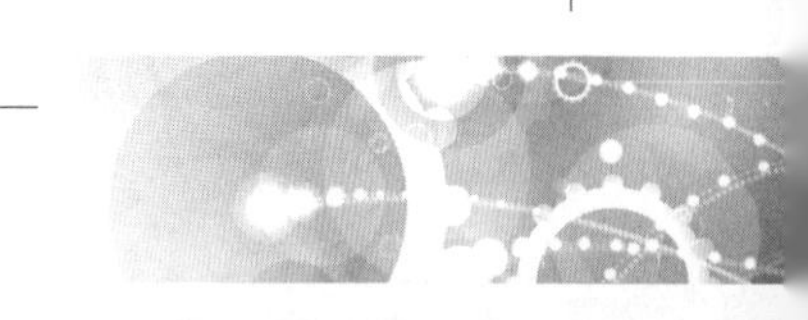

图 2—73　椰子

图 2—74　杧果

17．猕猴桃

猕猴桃又称奇异果，果实呈卵形或近球形，果皮黄褐色，品种分有茸毛和无茸毛两种。果肉浅绿色、翠绿色或黄色，中间有放射状的黑色小粒种子，味酸甜，口感滑爽，有香味。猕猴桃可做果汁、果酱、蜜饯、果脯等，适于炒、熘等烹调方法，多用于菜肴的点缀和水果沙拉。

猕猴桃以果肉爽嫩细腻、个儿大汁多、香气浓者为佳。猕猴桃产于秋季，我国长江流域均有栽种。猕猴桃如图 2—75 所示。

18．西瓜

西瓜又称寒瓜、水瓜、夏瓜，果实较大，呈圆形或椭圆形，皮色浓绿、绿白或绿中夹蛇纹，其瓜瓤汁多味甜，呈鲜红、淡红、黄色或白色，有籽或无籽。西瓜可制成西瓜酱、西瓜汁等，瓜皮还可炒、烧和做泡菜使用，种子可以用来制作炒货。

西瓜以色泽鲜艳、皮薄汁多味甜者为佳。西瓜产于夏季，全国各地均有栽种，以新疆、甘肃、山东、江苏等地最为有名。西瓜如图 2—76 所示。

图 2—75　猕猴桃

图 2—76　西瓜

19．哈密瓜

哈密瓜又称厚皮甜瓜，果实呈圆卵形或椭圆形，果皮平滑，或有纵沟纹、斑纹。哈密瓜肉厚，果肉白色、黄色、橘红色或绿色，质地脆嫩，味甜香浓。按成熟期不同，哈密瓜可分早熟、中熟和晚熟三种。将哈密瓜晒干成瓜干是风味独特的特产果脯。哈密瓜可用于制作甜菜，也可做宴席水果，还是食品雕刻的原料。

哈密瓜以果实新鲜、成熟度八成以上、个儿大、瓜肉肥厚、汁多、香气浓、味甜、无损伤者为佳。哈密瓜产于夏季，是新疆特产。哈密瓜如图 2—77 所示。

20．枇杷

枇杷又称卢橘，枇杷因叶子形似琵琶而得名。枇杷果呈圆球形或长圆形，果皮为淡黄色至橙红色，薄且具有韧性，易剥落，果肉白色或橙色，细柔爽滑，汁多，甜中带酸。枇杷可以加工成罐头、果酒、果酱、果膏等，枇杷核含有淀粉，可用于酿酒，还可以用于制作甜菜，做宴席水果。

枇杷以个儿大均匀、柄长适中、汁多味甜、果肉厚而质细、核小、无损伤者为佳。枇杷产于春末夏初，湖北、浙江、四川、福建、江苏等省均有栽种。枇杷如图 2—78 所示。

图 2—77　哈密瓜

图 2—78　枇杷

二、干果类

1. 核桃

核桃又称胡桃。果实近球形或椭圆形，外果皮、中果皮肉质，成熟后干燥成纤维质，内果皮即核桃壳，坚硬，木质化，有雕纹。去壳后，其种子即桃仁，呈不规则的块状，凹凸不平，皱缩多沟，外被棕褐色的薄膜状皮，不易剥落。核肉呈黄白色，质脆嫩，味干香。桃仁多用于甜品菜、糕点配料，还可制成炒货，适于酱汁、炒、扒、炝、炖、爆、蒸等烹调方法。

核桃以个大圆整、肉饱满、壳薄、出仁率高、桃仁含油量高者为佳，桃仁以片大、肉饱满、身干、色黄白、含油量高者为佳。核桃产于秋季，全国各地都有栽种，西南、北方地区多产。核桃如图 2—79 所示。

2. 花生

花生又称落花生、长生果。花生荚果呈长椭圆形，果皮厚，革质，具有突出网脉，内含 1 ~ 4 颗种子。种子即是可食的部位，称花生仁（花仁）。花生仁有长圆、长卵、短圆等形状，外被红色或粉红色种皮，去种皮后呈白色，质脆，味甘而香。花生可制成炒货、花生酱、花生馅，适于炒、煮、炸、卤、爆、煨、炖等烹调方法。

花生以颗粒均匀、饱满，味微甜，不变质者为佳。花生产于秋季，全国各地均有栽种。花生如图 2—80 所示。

图 2—79　核桃

图 2—80　花生

3．榛子

榛子又称山板栗、尖栗、棰子等，是榛树的果实种仁。榛子坚果近球形，圆而稍尖，像小锥栗子，也叫榛栗。榛子仁可制成炒货，也可作为糕点、糖果、巧克力的配料。

榛子以粒大完整、颗粒饱满、干燥壳薄、仁肉白净、无异味者为佳。榛子产于秋季，东北、山西、内蒙古、山东、河南等地有种植。榛子如图 2—81 所示。

4．腰果

腰果又名树花生、鸡腰果等，是腰果树上的果实，腰果剥去坚硬壳皮后的仁肉即为腰果仁。腰果仁色泽玉白，呈肾形，有清香味，口感脆嫩。腰果可制成炒货或加工成蜜饯等糖制果品，烹饪时可油炸后用做配料。

腰果仁以个形整齐均匀，仁肉色白饱满，味香干爽，含油量高，无碎粒、异味、坏只、壳屑者为佳。腰果产于秋季，广东、海南等地有种植。腰果如图 2—82 所示。

图 2—81　榛子

图 2—82　腰果

5．夏果

夏果又称夏威夷果、澳洲坚果、澳洲胡桃，属山龙眼科常绿高大乔木，原产于澳大利亚，经济价值高，享有“干果皇后”“世界坚果之王”的美称。夏果果仁营养丰富，其外果皮青绿色，内果皮坚硬，呈褐色。果仁香酥，滑嫩可口，有独特的奶油香味。夏果富含单不饱和脂肪酸，它不仅有调节血脂、血糖的作用，还可有效降低血浆中血清总胆固醇和低密度脂蛋白胆固醇的含量。夏果可制作干果，还可制作高级糕点、高级巧克力，适于炒、爆、炸等烹调方法，也可做点心馅料及装饰料等，还可以提炼高级食用油、制作高级化妆品等。

夏果以果仁大、颗粒饱满细腻、有独特的奶油香味者为佳。夏果产于秋季，云南、广东、台湾有栽培。夏果如图 2—83 所示。

6．杏仁

杏仁又称杏核仁、杏子、木落子等，是植物杏的内核去掉硬壳所得的种仁。杏仁果为扁平卵形，一端圆，另一端尖，覆有褐色的薄皮，表面有细微皱纹；具有特殊的清香味，略甘苦。杏仁有甜、苦之分，苦杏仁味苦，有微毒。杏仁可制作炒货，也可做点心和甜菜，适于烧、炒、爆、炖、烩等烹调方法。

杏仁以身干、颗粒完整均匀、无杂质、无虫蛀、无异味者为佳。杏仁产于秋季，广东、海南、河北、辽宁、东北、华北和甘肃等地有栽培。杏仁如图 2—84 所示。

图 2—83 夏果

图 2—84 杏仁

7. 板栗

板栗又称栗子、毛栗。果实呈球形，壳坚硬，密被针刺，内藏二或三个坚果，为食用部分。生板栗肉脆，熟板栗肉软糯。板栗著名品种有良乡板栗、明栗、大油栗、白毛栗等。板栗可制成糖炒栗子，也可制成糕点、小吃、馅心，适宜烧、焖、扒、炒等烹饪方式。

板栗以果实饱满、颗粒均匀、肉质细腻、味甜而香糯者为佳。板栗产于秋季，多产于辽宁、河北、山东、河南、广西、四川等地。板栗如图 2—85 所示。

8. 莲子

莲子又称莲实、莲芯。莲子果实呈椭圆形或卵形，果皮坚硬，呈绿色，内有一枚种子，呈黄白色，两片，肥厚，中央有绿色胚芽。新鲜的莲子味甘，微涩，莲心味苦。莲子适于蒸、煨、煮、烩、扒、拔丝等烹调方法，还可做糕点的馅心。

莲子以颗粒圆整饱满、干燥、肉厚色白、口咬脆裂、入口软糯为佳。莲子产于秋季，长江中下游和广东、福建等地都有栽培，湖南、湖北、江西、福建为主要产区。莲子如图 2—86 所示。

图 2—85 板栗

图 2—86 莲子

9. 白果

白果又称银杏。种子呈核果状，椭圆形或侧卵形。外种皮肉质，中种皮（壳）质硬，内果皮膜质，一端淡棕色，另一端金黄色。种子仁粉性，味甘、微苦。白果适于炒、蒸、烩、烧、煨、炖等烹法。白果有微毒，炒熟后毒性降低，但一次食用量也不能过多。

白果以粒大、光亮、饱满、肉丰富、无僵仁、无瘪仁者为佳。白果产于秋季，主产于江苏、浙江、安徽、山东、四川等地。白果如图 2—87 所示。

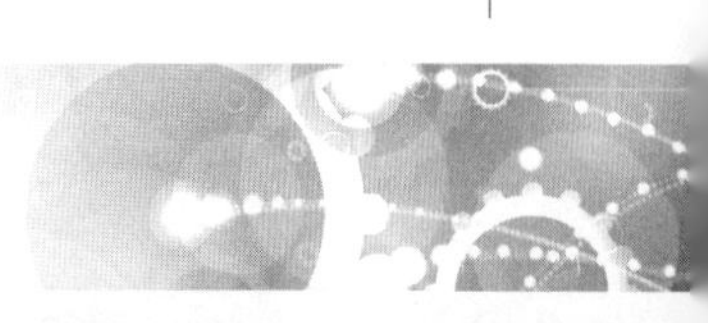

10．松子

松子又称松仁，是松科植物红松等的种子，是常见的坚果之一。松子呈倒三角形，外包硬质外壳，内有乳白色果仁，有特殊香气。松子可制作炒货，可做菜肴和糕点的配料和馅心等，适于炒、溜、烧、爆等烹调方法。

松子仁以粒大完整，颗粒饱满，均匀干燥，仁肉肥壮、色白，碎粒少者为佳。松子产于秋季，黑龙江、吉林、云南、陕西、山西均有栽培。松子如图 2—88 所示。

图 2—87　白果

图 2—88　松子

第3章

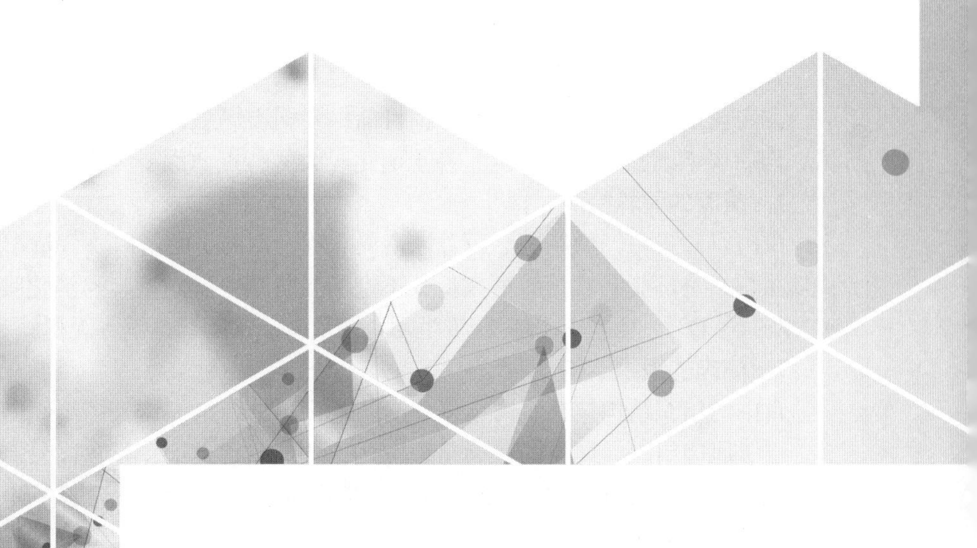

禽类原料

禽类原料是指家禽的肉、蛋、副产品及其制品的总称，包括在人工饲养的家禽和未被列入国家保护动物目录的野生鸟类的。禽类原料又可分为禽肉原料和禽蛋原料。

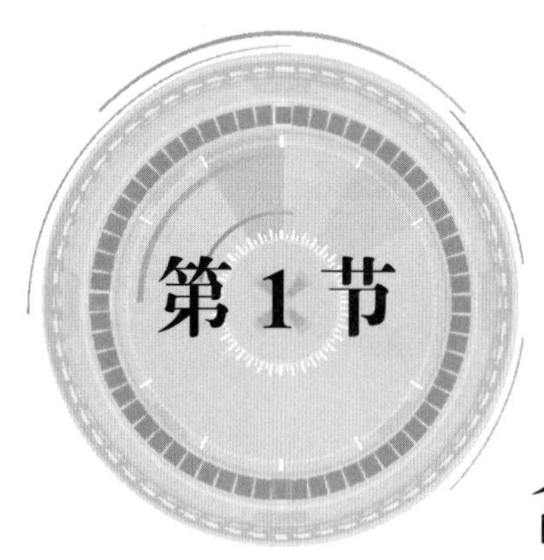

禽肉原料

一、禽肉原料概述

禽肉包括鸡肉、鸭肉、鹅肉等，目前，我国市场上以鸡肉所占比例较高。禽肉因营养丰富、肉质柔嫩细腻、风味独特、易于消化吸收的特点而深受人们欢迎。

1．禽肉的营养特点

禽肉以高蛋白、低脂肪、营养丰富而著称。禽肉中的蛋白质含量在20%左右，且大多为优质蛋白；禽肉脂肪含量较畜肉低，不饱和脂肪酸含量高，容易消化吸收；禽肉富含维生素A、维生素D、维生素E和B族维生素，以及磷、铁、锌、铜等无机盐和微量元素。

2．禽肉的组织结构

禽肉的组织结构包括肌肉组织、脂肪组织、结缔组织、骨骼组织四大部分。

（1）肌肉组织。禽类的肌肉组织发达，纤维非常柔细，是禽肉最有食用价值的部分，也是禽肉中营养成分最高的部分。经良好喂养的家禽，其肌肉柔嫩多汁、味道鲜美。禽肉的食用品质特点如下。

1）禽肉的颜色。禽肉的颜色直接影响其食用和商品价值，因为消费者将它与产品的新鲜度联系起来，决定购买与否。浅色或白色的禽肉称为“白肌”，颜色发红一些的禽肉称为“红肌”。一般来说，红肌有较多的肌红蛋白，富有血管，肌肉较细；白肌的肌红蛋白含量较少，肌纤维较粗。不同禽类的不同部位，红肌与白肌的分布也不相同。鸭、鹅等水禽和善飞的禽类红肌较多，飞翔能力较差或不能飞的禽类白肌较多。

2）禽肉的风味。禽肉中含有大量含氮浸出物，主要包括核苷酸、氨基酸、肌酸、肌酐、肽类、嘌呤碱，它们能增加肉的香味，促进人体的吸收。同一禽类随成熟情况不同，含氮浸出物也有差异，幼禽的含氮浸出物比老禽少，公禽的含氮浸出物比母禽少，所以老母鸡适宜炖汤，而仔鸡适合爆炒。野禽肉比家禽肉含有更多的含氮浸出物，导致汤汁带有强烈刺激味，因此不宜炖汤。

3）禽肉的嫩度。禽肉的嫩度是消费者最重视的食用品质之一，它决定了禽肉在食用时口感的老嫩，是反映禽肉质地的指标。一般老龄禽肉肌肉纤维较粗，公禽比母禽肌肉纤维粗，水禽比鸡的肌肉纤维粗；不同部位肌肉纤维粗细也不一样，活动量大的部位肌纤维粗。

4）禽肉的保水性。一般禽肉的保水性比猪肉、牛肉、羊肉差，对禽肉菜肴的质量有很大影响。例如，鸡脯肉肌间脂肪少，在加热时，蛋白质受热收缩，固有的水分减少，肉汁流失，使菜肴的质感变老。所以要通过一定的烹调技术，如控制加热温度，或通过腌渍、上浆、挂糊等，增加禽肉的保水性，保证菜肴的质量。

（2）脂肪组织。禽类的脂肪组织除了在体腔内或皮下沉积外，还均匀地分布在肌肉组织中。禽类脂肪中的亚油酸含量高、熔点低，使得禽肉比畜肉更加鲜嫩味美，且易消化。脂肪在皮下沉积使禽类的皮肤呈现一定颜色，脂肪沉积多的呈微红色或黄色，脂肪沉积少的则呈淡红色。

（3）结缔组织。禽肉中的结缔组织含量比畜肉低，所以禽肉比畜肉更柔软、鲜嫩，易于人体消化吸收。结缔组织在禽肉中的含量与部位有关，一般白肌中含结缔组织较少，红肌中含结缔组织相对较多；腿的下部及前肢含结缔组织比其他部位多。

（4）骨骼组织。禽类的骨骼较轻而坚固，骨髓中有少量的风味成分，在烹饪中除了制汤，用途不大。

二、常见禽类及其制品

常见的禽类是饲养的家禽，是人类为满足肉、蛋等需要，经过长期饲养而驯化的鸟类。目前我国饲养的家禽主要包括鸡、鸭、鹅、火鸡、鹌鹑、肉鸽等。家禽经过腌腊，可制成板鸭、风鸡等。

1. 鸡

鸡由原鸡驯化而来。鸡喙短锐，有冠与肉髯，翼不发达，但脚健壮。公鸡羽毛美艳，跖有距，喜斗。母鸡 5 ~ 8 月龄开始产蛋。鸡按用途可分为肉用鸡、蛋用鸡、肉蛋兼用鸡、药食兼用鸡四大类。鸡如图 3—1 所示。

（1）肉用鸡。肉用鸡以产肉为主，容易肥育。其体躯坚实，胸肌、腿肌发达，成年鸡体重较大，出肉率高。我国著名的品种有九斤黄、惠阳鸡、桃源鸡、浦东鸡等。

（2）蛋用鸡。蛋用鸡以产蛋为主。著名的品种有新汉夏鸡、白来航鸡。

（3）肉蛋兼用鸡。这种类型的鸡产肉、产蛋性能均优，但没有蛋用、肉用鸡突出。我国著名的品种有北京油鸡、寿光鸡等。

（4）药食兼用鸡。这种类型的鸡具有明显的药用性能，同时还具有很高的食用性。著名的品种有乌鸡、竹丝鸡、丝毛鸡。

鸡在烹饪中应用广泛，可整烹，也可将鸡肉和内脏分割成不同的部位使用（见表 3—1）；可做冷菜、

图 3—1　鸡

热菜、汤羹，也可做火锅、小吃、点心、粥饭等，雏鸡宜炒、爆、炸，仔鸡宜炒、烧、熘、炸、蒸、拌、卤，老母鸡最宜烧、炖汤等。

表 3—1 鸡肉分档及内脏用途

部位	特　点	用　途
鸡脯	鸡肉中最厚、最大的一块整肉，肉质细嫩、香鲜，颜色浅白	宜加工成片、丝、条、茸等，可用于蒸、炒、拌、煎、炸
鸡翅	可分为整翅、翅根、翅中、翅尖，皮多骨多，质地鲜嫩	宜炸、炖、烧、酱等
鸡腿	骨粗，肉厚，结缔组织偏多，较老	整只最宜炸、烤，也可改刀后用来炖、煮、烧、炒、熘、爆
鸡爪	皮厚筋多，质地脆嫩，胶原蛋白丰富	整只宜卤、煮，去骨后可烧、煮、烩、拌
鸡脖	皮多肉少，胶原蛋白丰富	去净淋巴，可以卤制，也可以制汤
鸡心	质地韧，表面附有油脂	宜爆、炒、熘、炸、烤
鸡胃	质地韧，肉质呈暗红色、坚实	宜卤、爆、炒、炸、拌
鸡肝	质地细嫩	宜卤、爆、炒、炸
鸡肠	质地柔韧，色浅红，外附油脂，不如鸭肠使用广泛	宜爆、炒、涮

优质的鸡肉体表面微干，不粘手，用手指压肉后的凹陷可以立刻恢复；劣质的鸡肉其眼球皱缩凹陷，皮肤色泽转暗，体表和腹腔内可以嗅到令人不舒服的气味甚至臭味，表面粘手、腻滑，用手指压肉后的凹陷恢复很慢或者不能完全恢复。

2. 鸭

鸭由野鸭驯化而来。鸭体长约 60 cm，雄鸭头和颈呈绿色而带金属光泽，颈下有一圈白环，尾部中央有 4 枚尾羽向上卷曲如钩，体表密生绒毛，尾脂腺发达。雌鸭尾羽不卷，体黄褐色，并缀有暗褐色斑点。根据用途不同，鸭可分为肉用型、蛋用型、肉蛋兼用型三个类型。鸭如图 3—2 所示。

（1）肉用鸭。肉用鸭肉质肥厚，鸭肉风味突出，世界著名的肉用鸭品种有北京鸭和瘤头鸭。

（2）蛋用鸭。我国主要的蛋用鸭品种有产于福建九龙江下游地区的金定鸭。

（3）肉蛋兼用鸭。肉蛋兼用鸭的主要品种有高邮麻鸭、娄门鸭。

鸭在烹饪中应用广泛，多以整只烹制，最宜烧、烤、卤、酱，也宜蒸、扒、煮、焖、煨、炸、熏等。将鸭加工成小件，可采用熘、爆、烹、炒等方法制作。另外，仔鸭宜蒸、炸、烧、烤、炒、爆、卤，老鸭宜烧、炖、蒸、煨、制汤等。

鸭的体表光滑，呈乳白色，切开后切面呈玫瑰色，则表明是优质鸭肉。如果鸭皮表面渗出轻微油脂，可以看到浅红或浅黄颜色，同时内切面为暗红色，则表明鸭肉的质量较差。

3. 鹅

鹅的祖先是鸿雁。鹅头大，喙扁阔，前额有肉瘤。颈长，体躯宽壮，龙骨长，胸部丰满，尾短，脚大有蹼。羽毛白或灰色，喙、脚及肉瘤黄色或黑褐色。鹅有肉用鹅、蛋用鹅、肉蛋兼用鹅、肥肝用鹅四个类型。鹅如图 3—3 所示。

（1）肉用鹅。肉用鹅的主要品种有中国鹅。

（2）蛋用鹅。蛋用鹅的主要品种有烟台五龙鹅。

（3）肉蛋兼用鹅。肉蛋兼用鹅的主要品种有太湖鹅。

（4）肥肝用鹅。在西餐中主要是利用其肥大的鹅肝，这类鹅经“填饲”后的肥肝一般可达 600 g。

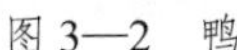
图 3—2　鸭

图 3—3　鹅

鹅在烹饪中多以整只烹制，嫩鹅还可加工成块、条、丁、丝、末等多种形态供用，适宜于烤、熏、炸、烧、扒、炖、焖、煨、煮、蒸、卤、酱等多种烹调方法。在西餐烹调中主要用于烧、烤、烩、焖等菜肴。肥鹅肝是西餐烹饪中的上等原料。

优质鹅肉肉色洁白，肉质有弹性，没有硬节。劣质的鹅肉肉色比正常的鹅肉颜色深，摸起来肉质差，手感发硬。优质的鹅肝颜色呈乳白色或白色，其中的筋呈淡粉红色，肉质细嫩光滑，手触后有一种黏糊糊的感觉，用手指触压后不能恢复原来的形状。质量较差的肥鹅肝触摸时手感不光滑并发干。

4. 火鸡

火鸡又名吐绶鸡、食火鸡，因其发情时头部及颈部的褶皱皮变为火红色，故称火鸡。火鸡按主要用途分为肉用型、蛋用型、肉蛋兼用型。火鸡根据颜色可分为青铜火鸡和白色火鸡。青铜火鸡原产于美洲，个体较大，胸部很宽，头上皮瘤由红色到紫白色，成长迅速，肉量肥满。白色火鸡原产于荷兰，肉质很好，细嫩多汁。火鸡如图 3—4 示。

火鸡体大肉厚，瘦肉多，胸肌呈白色，肉质肥嫩味美。火鸡在烹饪中的应用比较广泛，适合炸、熘、爆、炒、烹、炖、烧等多种烹调方法，也宜于多种刀工成型，可制作多种口味的菜肴。

优质的火鸡体表面微干，不粘手，用手指压肉后的凹陷可以立刻恢复；劣质的火鸡，眼球皱缩凹陷，皮肤色泽转暗，体表和腹腔内可以嗅到令人不舒服的气味甚至臭味，表面粘手、腻滑，用手指压肉后的凹陷恢复很慢或者不能完全恢复。

5. 鹌鹑

鹌鹑体型与小鸡相似，头小，嘴细小，与小鸡相比无冠，无耳叶，尾羽不上翘，尾短于翅长一半。鹌鹑按主要用途可分为蛋用型和肉用型两类，我国各地均有饲养。鹌鹑如图 3—5 所示。

（1）肉用鹌鹑。肉用鹌鹑主要品种有法国巨型肉用鹌鹑和美国法拉安肉用鹌鹑、大不列颠黑色鹑、英国白鹑、美国加利福尼亚鹑、澳大利亚肉用鹑等。

（2）蛋用鹌鹑。蛋用鹌鹑主要品种有日本鹌鹑、朝鲜鹌鹑、白羽鹌鹑和法国鹌鹑等。

在烹饪中，鹌鹑多以整只制作，最宜烧、卤、炸、扒，也可煮、炖、焖、烤、蒸等。若加工成小件，可适用于炒、熘、烩、煎等烹调方法。宜选用养殖 2 年左右的鹌鹑，其肉质更嫩滑。

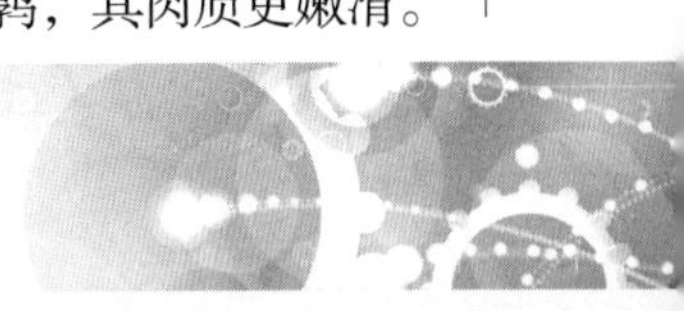

图 3—4　火鸡

图 3—5　鹌鹑

6. 肉鸽

图 3—6　肉鸽

肉鸽又称菜鸽、地鸽。肉鸽喙短，翼长大，善飞，体呈纺锤形，体型较大，肉色深红，肉质细嫩，味道鲜美，芳香可口。肉鸽如图 3—6 所示。

肉鸽的最佳食用期是在出壳后 25 天左右，又称乳鸽，肥嫩骨软，肉滑味鲜，常以整只烹制，最宜烤、炸、烧，也宜蒸、炖、扒、熏、卤、酱等。鸽腿的筋多而小，常切成条、块。

健康的鸽子羽毛丝绒柔软、细滑，稍带油脂，滑而亮，眼神灵敏，瞳孔收缩自如，眼球转动灵活，嘴巴坚硬，表情灵活，反应敏捷。光鸽呈球形，体重较大，肉色深红，肉质细嫩。

7. 风鸡

风鸡又称风干鸡，是将鲜鸡经腌制后再风干而成的加工品。风鸡是我国特产，具有独特的风味，且便于储存、携带，烹制方便。制作风鸡一般多在农历腊月，此时气候比较干燥，气温较低，微生物不易侵袭，同时也能产生特有的腊香。我国很多地方均生产不同风味的风鸡，根据制作方法的不同，大致分为光风鸡、带毛风干鸡、泥风鸡三类。风鸡如图 3—7 所示。

风鸡味鲜香，肉嫩可口，可烹制加工成冷盘，也可经蒸、炒、炖、煮等工艺制作成热菜。

风鸡以膘肥肉厚、羽毛整洁、有光泽、肉有弹性、无霉变虫伤、无异味者为佳。

8. 板鸭

板鸭也称腊鸭，是以活鸭为原料，经宰杀、去毛、净腌、复卤、晾挂等一系列工序加工而制成的咸鸭。可供久储远运，因其肉质紧密板实而得名。板鸭的名产很多，风味各异，最著名的有南京板鸭、四川什邡板鸭、江西南安板鸭、福建建瓯板鸭等。板鸭中最著名的是南京板鸭，又称白油板鸭、琵琶鸭，其特点是皮白肉红、脂肪丰富、骨髓绿、肉质紧密板实。板鸭如图 3—8 所示。

图 3—7　风鸡

图 3—8　板鸭

板鸭在烹饪中主要供做冷菜，也适用于炖、炒、蒸等烹调方法。此外，板鸭的头、颈和骨也是炖汤的好原料。

板鸭以体表光白无毛、无黏液出现，肌肉板实、坚挺，肉色为玫瑰红色，脂肪乳白色者为佳。

三、禽类原料的检验与储存

1．禽类原料的检验

（1）活禽的检验。健康活禽的主要特征是：羽毛丰润、清洁、紧密、有光泽，脚步矫健，两眼有神；握住禽的两翅根部，其叫声正常，挣扎有力；用手触摸其嗉囊无积食、气体或积水；头部的冠、肉髯及头部无毛部分无苍白、发绀或发黑现象；眼睛、口腔、鼻孔无异常分泌物；肛门周围无绿白稀薄粪便黏液。反之则为不健康禽，应及时剔除处理。

（2）鲜禽肉的品质检验。禽肉的新鲜度可分为以下两个等级。

一级鲜度的禽肉：眼球饱满，皮肤有光泽，因品种不同而呈现不同颜色，如淡红、淡黄、灰白、灰黑等；肌肉切面发光，外表微干或者微湿润，不粘手，肉质有弹性，具有该品种的正常气味；煮沸后的汤呈透明清澈状，脂肪团聚于表面，具有特殊香味。

二级鲜度的禽肉：眼球皱缩凹陷，晶状体混浊，皮肤色泽转暗，肌肉切面有光泽；外表干燥或粘手，新切面湿润，指压后的凹陷回复慢，弹性差；肉品无其他异味，腹腔内可以有轻微异味；煮沸的汤少有浑浊，脂肪呈小滴浮于表面，香味差或无鲜味。

新鲜度低于二级鲜度的禽肉，不能食用。

2．禽类原料的储存

储存禽类原料通用的方法是低温储存法。因为在低温下，禽类中微生物的生长和繁殖能得到抑制，一般应将温度降至 –10℃，即能抑制霉菌和酵母菌的出芽；水分在低温下冻结而不能被微生物利用，同样也抑制了微生物的发育；低温能对禽类原料中酶的活性进行抑制，当温度接近 –20℃时，酶的活性已很不明显了，但不能使其完全停止。目前，我国禽类冷藏温度大多不低于 –18℃，酶的活性在此情况下只是作用缓慢而已，因此，低温下储存的禽类均有一定的冷藏期限。

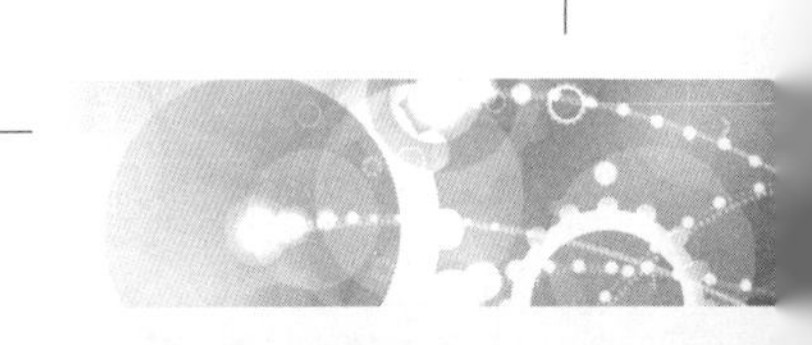

第2节 禽蛋原料

一、禽蛋原料概述

蛋是家禽的副产品，是禽的生殖细胞，主要包括鸡蛋、鸭蛋、鹅蛋、鸽蛋、鹌鹑蛋等。蛋类含有丰富的营养物质，同时烹饪应用也相当广泛，可做主料、配料及调辅料，是烹饪中最常用的原料之一。

1．禽蛋的结构

禽蛋由蛋壳、蛋白和蛋黄三个部分构成。由于家禽的品种、年龄、产蛋季节和饲料的不同，各部分在蛋中占的比例也不一样。

（1）蛋壳。蛋壳是包裹蛋内容物的一层结构，分为外蛋壳膜、蛋壳、内蛋壳膜和蛋白膜。外蛋壳膜是一层无定形的可溶性黏蛋白胶体，外观呈霜状粉末，起防止微生物侵入的作用。蛋壳的主要成分为碳酸钙，表面密布微小孔洞，有透气性，不耐挤压和碰撞，起到保护蛋白和蛋黄的作用。内蛋壳膜与蛋白膜位于蛋壳内表面，这两层膜结合紧密，仅在禽蛋的大头处分离而形成气室，禽蛋存放时间越久，气室越大，因此，从气室大小可判断禽蛋的新鲜程度。内蛋壳膜与蛋白膜起到阻止微生物通过的作用。

（2）蛋白。蛋白又称蛋清，位于蛋壳与蛋黄之间，是一种无色、透明、黏稠的半流动胶体物质，是主要食用部位。在蛋黄的两端，有一条浓稠蛋白构成的系带，起到固定蛋黄位置的作用。系带随储存时间变长，变细，可据此判断禽蛋的新鲜程度。

（3）蛋黄。蛋黄位于蛋的中心，呈球形，由蛋黄膜、蛋黄液和胚胎组成。蛋黄膜是介于蛋白和蛋黄液之间的透明薄膜，由纤维状角质蛋白组成，有韧性和通透性，保护蛋黄液不向蛋白中扩散。蛋黄液呈黏稠状不透明的乳状液，颜色深黄，是主要食用部位。胚胎是直径约3 mm的斑点，位于蛋黄表面，受精的胚胎会发育，使鲜蛋品质下降。

2．禽蛋的营养成分

禽蛋的主要营养包括蛋白质、脂肪、碳水化合物，维生素A、维生素D、维生素B_1等维生素，以及钾、钙、镁、铁、磷等矿物质。鸡蛋的蛋白质含有人体所需的各种氨基酸，且这些氨基酸的组成模式与合成人体所需氨基酸的模式十分相近，生物价值最高，被人体吸收利用率高，是天然食物中最理想的优质蛋白。全蛋含脂肪11% ~ 15%，含有丰富的卵磷脂和胆固醇，主要集中在蛋黄中。

各种禽蛋的营养成分大致相似，但也存在个别差异。例如，鸡蛋中的胡萝卜素含量为所有蛋类的蛋黄之首，鹅蛋黄中胆固醇含量最高，鸽子蛋所含的钙和铁高于鸡蛋。

3. 蛋的烹饪运用

蛋类在烹饪中应用较广，其中应用最多的是鸡蛋，其次是鸭蛋、鹌鹑蛋。蛋类适用于蒸、炒、煮、煎、炸、烧、卤、酱、糟等多种烹调方法，并因蛋白经搅打后，体积迅速增大，故可制作“芙蓉鱼片”等特殊菜肴。鸡蛋在西餐、西点的制作中也被广泛使用，可作为乳化剂、澄清剂、凝固剂、稠化剂、黏合剂。

二、常见禽蛋及其制品

1. 禽蛋

（1）鸡蛋。鸡蛋分土鸡蛋和洋鸡蛋。土鸡蛋是农家散养的土鸡所生的蛋，洋鸡蛋是养鸡场或养鸡专业户用合成饲料饲养的鸡下的蛋。从鸡蛋的外观上看，土鸡蛋个头稍小，壳稍薄，色浅，较新鲜的有一层薄薄的白色膜；而洋鸡蛋壳稍厚，色深。鸡蛋如图3—9所示。

（2）鸭蛋。鸭蛋主要营养成分有蛋白质、脂肪、钙、磷、铁、钾、钠、氯等。蛋壳青色或白色。未完全煮熟的鸭蛋不宜食用，因为鸭子容易患沙门氏菌病，鸭子体内的病菌能够渗入正在形成的鸭蛋内。鸭蛋如图3—10所示。

图3—9　鸡蛋

图3—10　鸭蛋

（3）鹅蛋。鹅蛋呈椭圆形，个体很大，较一般鸡蛋大四五倍，质地较粗糙，草腥味较重，食味不及鸡蛋和鸭蛋。鹅蛋表面较光滑，呈白色，其蛋白质含量低于鸡蛋，脂肪含量高于其他蛋类，鹅蛋中还含有多种维生素及矿物质。鹅蛋如图3—11所示。

（4）鹌鹑蛋。鹌鹑蛋近圆形，个体很小，一般只有5 g左右，表面有棕褐色斑点。鹌鹑蛋是一种很好的滋补品，营养价值不亚于鸡蛋，还有较好的护肤、美肤作用，有“卵中佳品”之称。鹌鹑蛋如图3—12所示。

图3—11　鹅蛋

图3—12　鹌鹑蛋

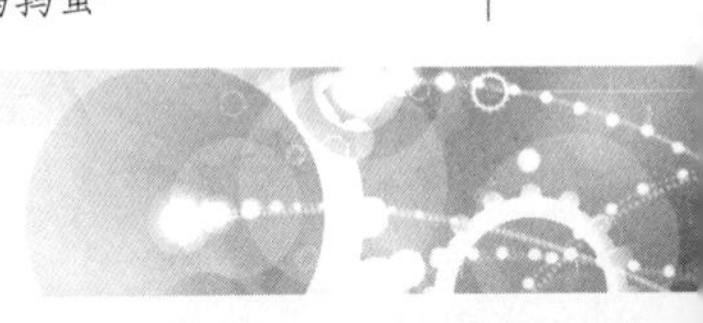

（5）鸽蛋。鸽蛋外形匀称，表面光洁、细腻、白里透粉。煮熟后，蛋白多呈半透明，也有乳白色、淡青色的。鸽蛋如图3—13所示。

图3—13 鸽蛋

2．禽蛋制品

（1）咸蛋。咸蛋又称腌蛋、盐蛋，是一种风味特殊、食用方便的再制蛋，多用鸭蛋腌制而成。咸蛋蛋黄浓缩，黏度增强，呈红色或淡红色。咸蛋有香味，蛋黄呈朱砂色，食时有沙感，富有油脂，咸度适当。咸蛋煮熟即可食用，咸蛋黄在烹饪中应用较广，可用于调味、制作馅心或菜品装饰。全国各地均生产咸蛋，其中尤以江苏高邮咸蛋最为著名。咸蛋如图3—14所示。

（2）皮蛋。皮蛋又称松花蛋，因胶冻状的蛋清表面有松枝状花纹而得名。皮蛋多以鸭蛋为原料，经生包或浸泡加工而成。皮蛋蛋清凝固完整，光滑清洁不粘壳，棕褐色，绵软而富有弹性，晶莹透亮，呈现松针状结晶；蛋黄外围墨绿色，里面呈淡褐或淡黄色；溏心皮蛋中心呈黏稠的饴糖状。皮蛋有特殊香气。皮蛋多用于凉菜，也可经熘、炸、烩、炒制成热菜，同时也是制作风味小吃和药膳的原料。皮蛋如图3—15所示。

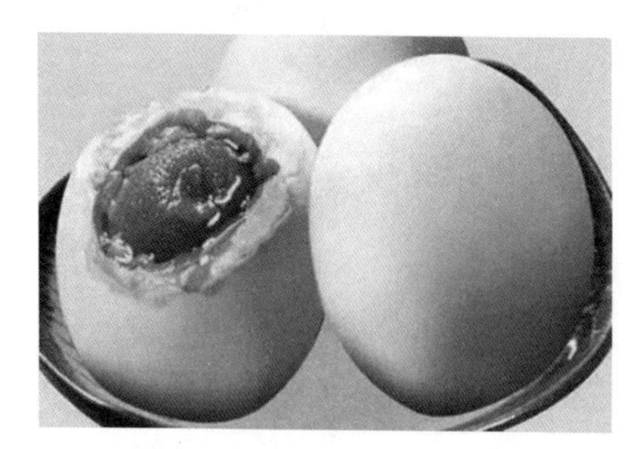
图3—14 咸蛋

图3—15 皮蛋

三、禽蛋原料的检验与储存

1．蛋的品质检验

鲜蛋的品质除与蛋的品种有关外，主要取决于蛋的新鲜度。

鉴别蛋的新鲜度的方法很多，有感官鉴定法、灯光透视鉴定法、理化鉴定法和微生物学检验法。在饮食行业中通常采用感官鉴定法，主要分为看、听、嗅三种。

（1）看。肉眼观察蛋壳的清洁程度、完整状况、色泽、外蛋壳膜等方面。质量正常的鲜蛋蛋壳表面呈粉白色，清洁，无禽粪等污物。蛋壳完整无损，表面无油光发亮的现象。打开蛋壳看，蛋白要黏稠度高，蛋黄应饱满，呈半球状。

（2）听。听就是敲击蛋壳发出的声音辨别有无裂损、变质。新鲜蛋一般发音坚实，似碰击石头的声音。摇振鲜蛋，没有声音的是好蛋，有声音的是散蛋。

（3）嗅。嗅就是闻蛋的气味是否正常，有无特殊的异味。新鲜的蛋打开后有轻微的腥味，无其他异味。如有霉味、臭味，则为变质的蛋。

2. 蛋的储存保管

鲜蛋储存的基本原则是维持蛋黄和蛋白的理化性质；尽量保持原有的新鲜度，控制干耗，阻止微生物侵入蛋内及蛋壳；抑制蛋内微生物（由于禽生殖器官不健康导致在蛋壳形成之前被微生物污染）的生长繁殖。针对这三条原则采用的措施包括：调节储存的温度、湿度，阻塞蛋壳上的气孔，保持蛋内二氧化碳浓度。常用的方法有冷藏法、石灰水储存法、粮食储存法、涂膜储存法等。

（1）冷藏法。该法是目前鲜蛋储存的主要方法，其特点是储存时间长，量大质好。储存时，先将鲜蛋预冷，当蛋温度降至 1 ~ 2℃时，将蛋放入冰箱或冷库，温度控制在 0℃，不可低于 -2℃，否则蛋会冻坏，相对湿度为 82% ~ 87%。

由于蛋纵轴耐压力较横轴强，鲜蛋冷藏时应纵向排列且最好大头向上。此外，蛋能吸收异味，尽可能不与鱼类等有异味的食品同室冷藏。

（2）石灰水储存法。此方法简便，成本低，可储存 8 个月左右。此法的原理是利用石灰水形成的微粒，封闭蛋壳上的气孔，使微生物不能进入蛋内，起内外隔离的作用。石灰水的配方是每 100 kg 清水加生石灰 2 kg，制成溶液。然后将鲜蛋浸入石灰水中即可。

（3）粮食储存法。将鲜蛋放入晒干后的豆类、谷类粮食中，可使鲜蛋在较长时间内不变质。此法的原理是利用粮食呼吸过程中释放出的二氧化碳来抑制微生物的生长繁殖，同时抑制蛋本身的呼吸作用。储存时先在容器底部铺上一层粮食，然后堆放一层蛋，再一层粮食、一层蛋堆满后，封上容器的口。

（4）涂膜储存法。选用石蜡松脂合剂为涂料，均匀地涂抹在蛋壳上，封闭气孔，使蛋白与外界隔绝，防止蛋中水分的散发，同时也阻止微生物的侵入，从而起到保鲜的作用。

第4章

畜类及乳类原料

第1节 畜类原料

一、畜类原料概述

畜类原料是指人类为满足肉、乳、毛皮，以及担负劳役等需要，经过长期饲养而驯化的哺乳动物。作为烹饪原料的畜类原料，主要种类是猪、牛、羊、兔、驴、马。另外还包括香肠、腌肉等肉制品及乳制品。本节主要介绍肉类及其制品。

畜类原料的组织结构分为结缔组织、肌肉组织、脂肪组织和骨骼组织四大部分。

1. 结缔组织与烹饪

结缔组织是构成皮肤、肌腱、韧带、肌束膜、淋巴、神经、血管等的重要部分，由无定形的基质与纤维素构成。

结缔组织坚硬、难溶，不容易熟，口感较差。由于构成结缔组织的纤维素有一定弹性和韧性，因此不便于刀工处理，加工性能差。但其中的胶原纤维加热至80℃时，可以溶解成明胶，冷却后成冻胶，在烹调中可制成皮冻。蹄筋、猪爪等就是利用结缔组织制作的菜肴。

2. 肌肉组织与烹饪

肌肉组织是肉的主要组成部分，包括横纹肌、平滑肌、心肌。横纹肌分布于皮肤下层和躯干的一定位置，附着于骨骼上，受运动神经的支配，所以又称为骨骼肌或随意肌。动物体所有的瘦肉都是横纹肌。横纹肌由许多肌原纤维集合构成肌纤维，肌纤维的粗细随动物种类、营养状况、年龄、部位不同而有所差异。如猪肉的纤维比牛肉细，年幼的动物比年老的动物纤维细等。肌纤维具有细胞结构，每个细胞的外部都包着一层透明而有弹性的肌膜，其中有细胞原生质，也称肌浆，俗称肉汁。肉汁呈半液体状，为红色低黏度溶胶，内含水溶性蛋白质和糖原、脂肪、维生素、无机盐、酶类，营养极为丰富，所以在制作菜肴时应尽量防止肉汁流失。

许多肌纤维集合形成肌纤维束，简称肌束，肌束周围被结缔组织的膜包围，这种膜被称为内肌鞘。许多肌束集合起来形成肌肉，肌肉的周围被强韧性的结缔组织的膜包围起来，这种膜称为外肌鞘。内外肌鞘与腱相连接，在内外肌鞘中分布有血管、淋巴、神经、脂肪等。

平滑肌主要构成消化道、血管、淋巴等内脏器官的管壁，肌纤维间有结缔组织，从而使肉质具有脆韧性。在烹饪中，适宜汆、涮、爆等快速熟制的方法，使原料保持脆嫩，也可采用卤、熘、蒸、炒、煮等常规方法，还可利用肠、膀胱的韧性，制作灌制品。

心肌是构成心脏组织的肌肉，质地比较细嫩，适合于快速的熟制方法，如爆、炒，也可用卤、酱、拌等方法烹饪。

3. 脂肪组织与烹饪

脂肪组织由退化的疏松的结缔组织和大量的脂肪细胞积聚而成，具有一定的食用价值，对于形成肉的风味具有重要作用。脂肪组织一部分蓄积在皮下、肾脏周围和腹腔内，称为储备脂肪，如板油、肥肉、网油；另一部分蓄积在肌肉的内、外肌鞘，称为肌间脂肪，在肌肉横断面呈大理石花纹，可防止在加热时水分蒸发，使肉质柔嫩、多汁，风味独特。

4. 骨骼组织与烹饪

肉中骨骼占比大小是影响肉的质量和等级的重要因素之一。骨骼组织是动物机体的支持组织，包括硬骨和软骨。硬骨又分为管状骨和板状骨，管状骨内有骨髓。骨骼的构造一般包括密质的表面层、海绵状的骨松质内层和充满骨松质及骨腔的髓，其中红骨髓是造血组织，黄骨髓是脂肪组织。

骨骼在胴体中所占比例越大，肉所占的比例就越小，因此含骨骼组织多的肉质量等级低。骨骼是烹调中制汤的重要原料，骨骼中含有一定数量的钙、磷、钠等矿物质，以及脂肪、胶原蛋白，所以煮出来的汤味鲜、有营养，冷冻后能凝成冻。

二、常见畜类及其制品

1. 畜类

（1）猪。猪是我国饲养最普遍的家畜，也是消费量最高的肉食原料，占我国肉食消费总量的 60%。

猪头大，鼻与口吻皆长，略向上屈；眼小，耳壳随品种而异，有小而直立，或大而下垂；口阔大，有门牙、犬牙及臼齿；躯干肥大，疏生刚毛，毛色黑或白或黑白混交；四肢短，每肢四趾，前二趾有蹄，后二趾有悬蹄；腹部接近地面；尾小，呈鞭状。

目前，世界上猪的品种有 300 多种，我国现有品种 100 多种，如华北型（新金猪、东北民猪、哈白猪）、华南型（广东梅花猪）、华中型（浙江金华猪、湖南宁乡猪、湖北监利猪）、西南型（四川内江猪和荣昌猪）、江海型（苏北俗沙猪、太湖猪）、高原型（分布于青藏高原）。

猪肉总体来讲肉质细嫩、脂肪含量高且与瘦肉分层明显，一般其脂肪洁白，肌肉组织为红色或粉红色，含水量适当，煮熟后呈灰白色。猪肉的肌肉组织中肌间脂肪含量较多且分布均匀，因而烹调后口感和口味优于其他肉类。肌肉纤维细而柔软，结缔组织较少。猪肉的脂肪含量比其他肉类高，特别是肋部的肉，肥瘦相间，五花三层，更是别具特色。

不同类型的猪肉质量差异较大。育龄为 1 ~ 2 年的猪，其肉质最为鲜嫩味美，饲养不良和育龄较长的猪，肉色呈深红并发暗，质地硬而缺乏脂肪，风味不佳。此外，猪肉的品质还与猪的性别有关，通常以阉猪肉质最佳，母猪次之，公猪最差。

猪肉是重要的烹饪原料。在菜点制作中猪肉既可做主料，又可做配料，还可做馅心料。猪肉适用于除生食以外的任何烹调方法，适宜于各种调味，可以制成多种菜肴、小吃、糕点和主食。猪如图 4—1 所示。

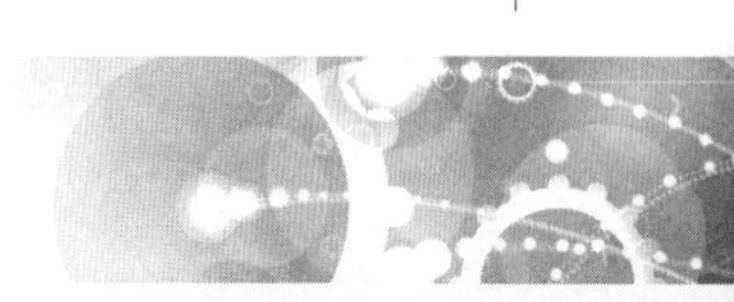

图 4—1 猪

（2）牛。牛属哺乳纲牛科动物。牛体强大，四肢短，有一对角；角弯中空，无分枝，生于头骨上，终生不脱；前额平；鼻阔，眼、耳皆大；上颚无门牙及犬牙，上下颚的臼齿皆强壮，喉下有垂肉；肢具四趾，各为蹄，后二趾不着地，各为悬蹄；毛短，色不等。

牛的种类包括黄牛、水牛和牦牛。黄牛是我国数量最多、分布最广的牛种，主要分布在淮河流域及其以北地区。黄牛的饲养品种包括各种奶牛、肉用牛、役用为主的黄牛等。黄牛肉肌肉纤维较细，组织较紧密，色深红，肌间脂肪分布均匀，吃口细嫩芳香。水牛主要分布在我国南方各省，是水稻产区的主要役用家畜，主要品种有四川德昌水牛、湖南滨湖水牛等。水牛肉肌肉发达，但纤维较粗，组织不紧密，肉色暗红，肌间脂肪少。卤煮冷却后刀切易松散，风味较差。牦牛又称藏牛，主要分布于西藏、四川北部及新疆、青海等地，主要有天祝牦牛、麦洼牦牛和大通牦牛等品种。牦牛肉肌肉组织较致密，色深红近紫红，肌间脂肪沉积较多，肉质柔嫩香醇，风味较好。在黄牛、水牛和牦牛三种牛中，以牦牛肉质最佳，黄牛肉质次之，水牛肉质最差。在目前普遍运用的牛肉中，以 3 年左右的黄牛肉质量较好。

牛肉虽然含水量比猪肉、羊肉大，但因其肌纤维长而粗糙，肌间筋膜等结缔组织多，加热后凝固收缩性强，故牛肉的质感比猪肉、羊肉老韧。为改善牛肉的肉质，可采取一些致嫩措施。

牛肉经分档取料后应用，多做主料，适于各种刀工加工，可制作菜肴、小吃等。在烹调使用时，多采用切块后炖、煮、焖、煨、卤、酱等长时间加热的烹调法。但背腰部及部分臀部肌肉等一些较嫩的部位，纤维斜而短，结缔组织少，可顶刀切成丝、片等形状，采用爆、炒等旺火速成的方法加工成菜。

牛肉占我国肉食消费总量的 7% 左右，用牛肉制作菜肴可制成冷菜、热炒、大菜、汤羹、火锅等。牛肉还可用于腌、腊、干制，可制成牛肉干、牛肉脯、牛肉松等制品。除牛的肉用于烹饪制作菜肴外，牛的副产品如头尾、内脏等均可做菜。牛如图 4—2 所示。

（3）羊。羊的种类较多，如绵羊、山羊、黄羊、羚羊、青羊、盘羊、岩羊等。作为家畜的羊主要有绵羊和山羊两种。绵羊品种至少有 500 种，主要分布于西北、华北、内蒙古等地，著名品种有蒙古羊、哈萨克羊、藏羊等。山羊品种很多，主要分布在华北、东北、四川等地，著名品种有成都麻羊。

图 4—2　牛

绵羊体躯丰满，被毛细密，多白色；头短，公羊多有螺旋状大角，母羊无角或角细小；唇薄而灵活，适于采食短草；四肢强健。山羊体较狭，头长，颈短，角三棱形呈镰刀状弯曲；颈下有须，喉下常有两肉髯；尾短上翘。一般被毛粗直，多白色，亦有黑、青、褐或杂色的。

羊肉的纤维细嫩，并有特殊的风味，脂肪硬。各类羊肉中，尤以羯羊（阉割过的羊）肉质最好，其鲜嫩味美，风味较浓。羔羊肉更为细嫩鲜美，但风味平淡。种公羊有特殊的腥膻味，肉质较老，品质较差。绵羊臀部肌肉丰满，肉质坚实，颜色暗红，肌纤维细而软，肌间脂肪较少，膻味较小。山羊肉质不如绵羊坚实，肉呈较淡的暗红色，皮质厚，皮下脂肪稀少，腹部脂肪较多，肉有明显的膻味，膻味的主要成分是低分子量的挥发性脂肪酸，肉质逊于绵羊。

羊肉占我国肉食消费总量的 4% 左右，在烹调中用途较多，适于烧、烤、涮、扒、炖、爆、炒等多种烹调方法，运用不同的烹调方法可以制成风格各异的佳肴。羊肉一般冬季食用较多。羊如图 4—3 所示。

图 4—3　羊

（4）兔。家兔是由野兔驯化而来的。兔有 60 余个品种，按其用途可分为肉用兔、皮肉兼用兔、毛用兔和皮用兔四大类。作为烹饪原料利用的主要是肉用兔、皮肉兼用兔。我国各地均有饲养。

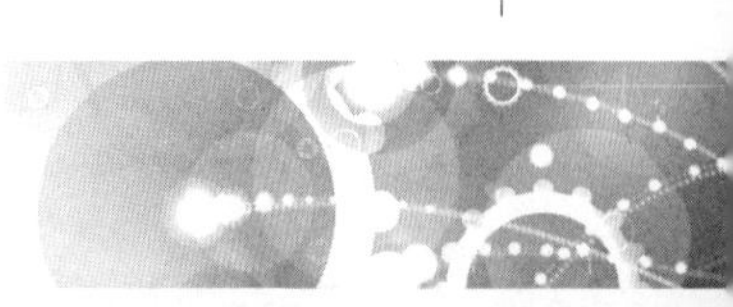

兔体重 1 ~ 7 kg，毛色白、黑、灰、黄褐等；耳长，基部耳缘相连成管状；有两对上门齿，第二上门齿小，位于第一上门齿的后方；上唇中央有纵沟，把上唇分为两瓣；尾短而上翘，后肢比前肢长而且强健；肛门附近有鼠蹊腺一对，有异臭。

兔肉质地较牛、羊、猪肉细嫩，肉色一般为淡红色或红色，肌纤维细而柔软，没有粗糙的结缔组织，肌间脂肪少。兔肉营养丰富，味道鲜美，蛋白质含量高，脂肪含量低，且具有较高的消化率，因此兔肉深受人们的喜爱。

选用兔肉以饲养 1 年左右的兔最佳。兔肉烹调时，切块后适于烧、炖、焖等，如红烧兔肉、清炖兔肉等；切成丁、片、丝后可炒、爆，如生爆兔丁、滑炒兔丁等；切成薄片可汆、涮；制作冷菜可卤、酱、拌，如五香兔肉、麻辣兔丝等。因兔肉脂肪含量少，故加工时宜多放些油，以增加其风味。兔如图 4—4 所示。

图 4—4　兔

（5）驴。驴是由野驴长期人工驯化而来的家畜，我国的驴由亚洲野驴驯化而来，主要供役用，也可食用。

驴体型较马小，耳长，尾根毛少，尾端似牛尾，被毛灰、褐或黑色。灰、褐驴的背、肩和四肢中部常见暗色条纹。黑驴眼、嘴及腹部被淡色毛。驴仅前肢有附蝉。

驴在我国主要分布在新疆、甘肃、山西、陕西、河南、山东、河北、黑龙江等地。驴按毛色分有灰、黑、青、棕四种，按体型大小可分为大型种、中型种和小型种三类。

驴肉肉色暗红，纤维粗，肉味近于牛肉，比牛肉细嫩，肌肉组织结实而有弹性。肌间结缔组织极少，脂肪颜色淡黄。驴肉滋味浓香。

驴肉因含致病微生物，故烹制驴肉不宜用炒、爆等快速成菜的方法，宜采用卤、酱、爆、烧、炖、煮、扒等长时间加热的方法，驴肉还可加工成腌、腊制品。驴如图 4—5 所示。

（6）马。马有挽用、骑乘用和肉用三种类型，在我国以役用为主。

马耳小直立，面长，额、颈上缘、鬐甲及尾有长毛，四肢强健，内侧有附蝉，第三趾最发达，趾端为蹄，其余各趾退化。马的毛色复杂，有红、栗、青、黑等。

我国养马的历史较长，通常不做食用，但近年来为适应需求，肉用马饲养业已有所发展。马肉肉色红褐并略微显青色；瘦肉较多，肌肉纤维较粗；肉内结缔组织含量高，肉质较硬；脂肪柔软，略带黄色，熔点较高。马肉中糖原的含量较高，因此具有特殊香味，但也容易发酸。马肉的肉质以放牧育成的好；舍饲的老龄役马肉纤维粗硬，无脂肪层，水煮时有难闻的气味。

马肉的烹调不宜生炒生爆，宜用长时间加热的炖、煮、卤、酱等方法，也可重味红烧或先白煮后再烧、烩、炒、拌等。马肉菜肴的调味宜浓口重味，多用香料以矫正异味。此外，马肉也可腌、腊、熏等用来加工成肉制品。马如图 4—6 所示。

2. 畜类副产品

（1）头。家畜的头部包括猪头、牛头、羊头、兔头等。烹调中以猪头最为常用。猪头肉皮厚且肉少，无筋膜，富含胶质，瘦肉以核桃肉为主。烹熟后质地或柔韧而糯，或柔中带脆。家畜的头广泛用于冷热菜，适用于炒、烧、卤、炸、扒、拌等烹调方法。头以新鲜无异味、头形完整、无残毛者为佳。

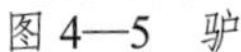

图 4—5 驴

图 4—6 马

（2）尾。家畜的尾包括猪尾、牛尾、羊尾等，烹饪中以猪尾、牛尾较为常用。尾由皮质和多骨节组成。猪尾又称“节节香”“皮打皮”，富含胶质；牛尾肉质肥美，最适宜清炖。尾适用于烧、卤、拌、清炖等烹调方法。尾以新鲜、形态完整、质地肥美、无残毛者为佳。

（3）蹄。家畜的蹄包括猪蹄、牛蹄、羊蹄、驼掌等，烹饪中以猪蹄最为常用。猪蹄又称蹄爪、猪手、猪脚，有前后之分，位于前、后肘以下，以皮筋为主，胶质含量丰富。牛蹄又称“牛掌”，经去壳、火燎、浸泡、刮洗、焖煮、拆骨后供烹调食用，牛掌富含胶质。蹄适用于烧、炖、卤、拌等烹调方法。前蹄短而粗壮、皮厚、胶质丰富、异味较小，品质优于后蹄。

（4）舌。舌也称口条，烹饪应用较多的是猪舌、羊舌和牛舌。舌分为舌尖、舌体和舌根三部分。舌表面覆有较厚的黏膜，角质化程度较高，称为舌苔。舌以肌肉组织为主，结缔组织少，肉质细腻。舌适用于煮、拌、卤、烧等烹调方法。舌以新鲜、无损伤、形体完整者为优。

（5）心。烹饪中常用的是猪心、牛心、羊心。心为中空的肌质器官，上部宽大，为心基，下部尖，为心尖。心脏表面近心肌处有呈环状的冠状沟。心脏最具有食用价值的部位是心脏壁，共分三层，均由心肌纤维构成。心常用于爆、炒、卤等烹调方法，也可用于制作汤菜，如炒心花、卤猪心等。

（6）肺。烹饪应用较多的是猪肺、羊肺和牛肺。猪、羊、牛肺分七叶，表面覆有一层浆膜，平滑、湿润、有光泽。家畜正常的肺为粉红色，呈海绵状，质软而轻，富有弹性。肺适用于煮、拌、卤、煨等烹调方法，如夫妻肺片、奶汤银肺等。肺以新鲜、无损伤、无污物、形体完整者为佳。

（7）肝。烹饪中常用的有猪肝、牛肝、羊肝。家畜的肝脏呈扁平状，一般为红褐色。肝实质细胞浆丰富，含水量大，细胞成分多，使整个肝脏组织质地脆嫩。因其质地脆嫩、含水量大，所以肝多采用旺火速成的烹调方法，如爆、汆、炒、熘等。也可选用酱、卤的烹调方法，但其成品质地较硬。烹调时应注意防止原料脱水，保持脆嫩，除其腥、异味。

（8）胃。家畜的胃俗称肚子，前端与食管相接，后端与十二指肠相通，分为单胃室和多胃室。烹饪应用中以猪肚、牛肚、羊肚为主。猪肚呈扁平弯曲的囊状，左端大而圆，幽门括约肌厚实，行业上称为肚尖、肚头或肚仁。牛、羊肚属多室胃，包括瘤胃、网胃、瓣胃、皱胃。牛的瘤胃最大、网胃最小，又称为第一胃、第二胃，俗称牛肚。瓣胃黏膜形成百余片瓣叶，呈新月形，俗称百页肚、毛肚。皱胃的结构与单室胃相似。胃适用于多种

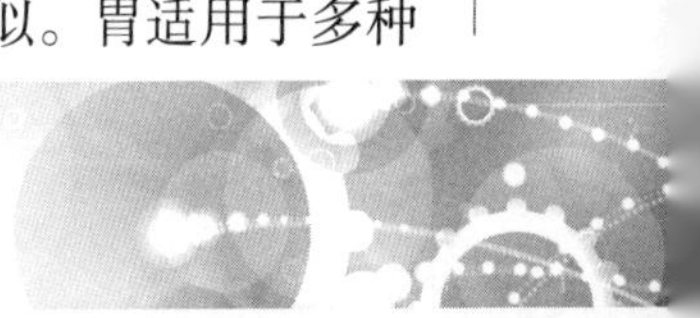

烹调方法，如爆、炒、烧、煮、拌、煨、卤等。胃以新鲜、无损伤、无污物、形体完整者为优。

（9）肾。肾俗称腰子，烹饪应用中以猪肾为主。猪肾呈豆形，较长扁，对生，色土黄或微带红色，外有透明的纤维膜，又称披膜。肾分为皮质部和髓质部，皮质部为主要食用部位。肾在烹饪中多用于爆、炒、汆、炝、熘等烹调方法，也可用于制作凉菜，如熘腰花、火爆腰花、肝腰合炒、椒麻腰片等。肾以新鲜、无损伤、无血污、形体完整者为优。

（10）肠。肠分为大肠和小肠。大肠的管径较粗，肌层较厚，黏膜表面光滑，无肠绒毛，又称肥肠，是烹饪应用的主要部位。小肠肌层很薄，一般用于做肠衣。应用较多的是猪肠、羊肠和牛肠。适用于爆、炒、烧、拌、卤、酱、熘、煨等烹调方法，如火爆肥肠、九转大肠、熘肥肠等。肠以新鲜、无损伤、无污物、形体完整者为优。

3. 畜肉制品

畜肉制品是指用畜肉为主要原料，运用物理或化学方法，配以适量调辅料和添加剂制作的成品或半成品，如香肠、火腿、腊肉、酱卤肉、风干肉等。

（1）火腿。火腿是以猪后腿为原料，经腌制、洗晒、整形、陈放发酵等工艺加工成的腌制品。火腿是中国肉制品中久负盛名的特产，最著名的是浙江金华火腿（又称“南腿”）、江苏如皋火腿（又称“北腿”）和云南宣威火腿（又称“云腿”）三类。其中又以浙江金华、义乌等地所产的金华火腿最具中国火腿的代表性。火腿如图 4—7 所示。

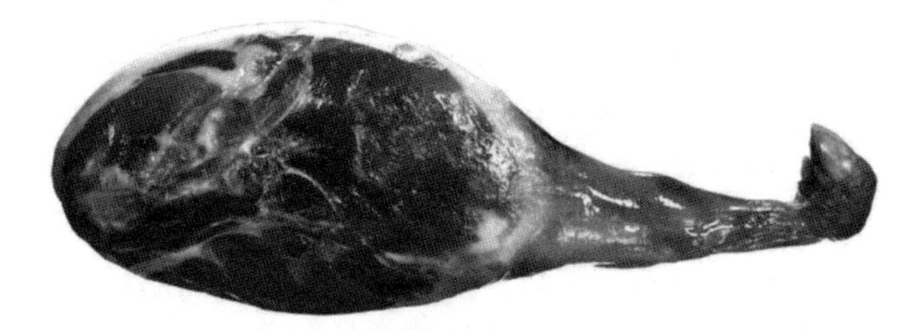

图 4—7 火腿

火腿的质量检验以感官检验为主，一般采用“看、扦、斩”三步检验法判断。看主要是观察表面和切面状态，优质火腿皮肉干燥，肉坚实；皮薄脚细，爪弯腿直；形状呈琵琶形或竹叶形，完整匀称；皮色棕黄或棕红，无猪毛。扦是用竹签刺进火腿深部，拔出后嗅其气味以鉴定火腿的质量。通常用三扦签的方法：第一签在蹄髈部分膝盖骨附近，扦入膝关节处（上签）；第二签在中方与油头交界处，从髋骨与荐椎间扦入（中签）；第三签在髋骨部分，从髋关节附近扦入（下签）。以竹签刺入，拔出即嗅，正常火腿具有火腿特有的香味，无显著哈喇味。打签检验后用石蜡填抹签孔，以防变质。斩是在看和扦进行检验的基础上，对内部质量产生疑问时所采用的辅助方法。如果火腿皮边灰白、表面起粘、肉质枯涩、阴雨天滴卤、脚爪发白，或外观尚可，内部松弛不实，香味小而有异味，都属于次品。如果走油发哈喇味，则是已经变质的征兆。

火腿是重要的烹饪原料。烹饪中适于各种刀工处理，可切成块、丁、粒、条、片、丝、末、茸等，可制成多种菜式，可做冷盘、热菜、汤、羹或面点馅料，可做主料单独成菜，也可与其他料组配成菜。因火腿在制作过程中经过发酵，蛋白质分解为多种氨基酸，形成火腿独特而浓郁的鲜香风味，因此常常用做燕窝、鱼翅、鱼肚、熊掌、驼峰、海参、蹄筋等自身无显味的高档原料的配料，以赋味增鲜，并可配多种荤素原料。此外，火腿还可用于吊汤，用作菜肴鲜味调味剂及做装饰、点缀、配色料。用火腿制作菜肴应注意以下几点：宜配用清鲜原料，忌配有异味的原料；宜着汤烹制，忌用干煸、干烧、干烹等方法无汤烹制；除少数菜肴外，一般不宜挂糊、拍粉、上浆等；调味宜清淡，不宜用酱、卤等方法，也不宜用酱油、酱、醋、八角、桂皮、茴香、咖喱等调味；忌用色素调色。

（2）咸肉。咸肉又称腌肉、家乡肉，是以鲜肉为原料经过干腌或湿腌加工而制成的制品。我国各地均有加工，在南方的安徽、江苏、上海、浙江、江西、四川等省加工较普遍。各地的加工工序大致相同，主要分为选料、原料整修、腌制三个程序。咸肉按产区不同，可分为浙江咸肉（南肉）、江苏如皋咸肉（北肉）、四川咸肉、上海咸肉等。咸肉如图 4—8 所示。

优质的咸肉外表干燥清洁，呈苍白色，无霉菌，无黏液；肉质坚实紧密，有光泽，瘦肉呈粉红、胭脂红或暗红，肥膘呈白色；切面光泽均匀；质坚硬，有正常的清香味，煮熟时具有腌肉香味。劣质的咸肉表面滑软黏糊，皮常覆盖如豆腐渣般的黏层；肉质结构疏松，无光泽，切面暗红色或灰绿色，肉色不均匀，有严重的酸臭味、腐败味或油哈味，不能食用。

咸肉做菜，适于蒸、煮、炒、炖、烧、煨等烹调方法。加工前，宜先放在清水中浸泡，以除掉一部分盐分，然后再进行各种加工。制作的菜肴如蒸咸肉、咸肉冬瓜汤、河蚌煨咸肉等。

（3）腊肉。腊肉是用鲜猪肉切成条状腌制后，经烘烤或晾晒而成的肉制品。因民间一般在农历十二月（腊月）加工，利用冬天特定的气候条件促进其风味的形成，故名腊肉。腊肉为我国传统的肉制品，全国各地均有加工，在制法和配料上虽有差别，但大同小异，一般经过选料、修整、配料、腌制、烘烤等程序。腊肉在腌制后尚需经过烘腊过程，这是腊肉与咸肉的主要差别。腊肉的腌制多采用干腌法，为了改进腊肉的色香味，有些地方也采用湿腌法。腊肉的种类很多，按产地分为广东腊肉、湖南腊肉、四川腊肉等。腊肉如图 4—9 所示。

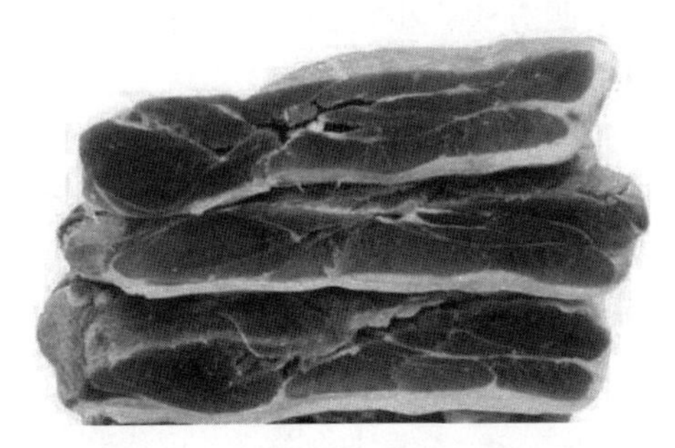

图 4—8　咸肉

图 4—9　腊肉

优质的腊肉色泽鲜明，肌肉呈鲜红或暗红色，脂肪透明或乳白色，肉身干爽，肉质坚实，有弹性，指压后不留明显压痕，具有腊制品固有风味。劣质的腊肉肉色灰暗无光，脂肪黄色，表面有明显霉点，肉质松软，无弹性，指压痕不易复原，带黏液，脂肪有明显酸味或其他异味，不能食用。

腊肉入馔，可用炒、烧、煮、蒸、炖、煨等烹法。可制成冷盘、热炒、大菜等菜式，也可做馅心料。制作的名菜有腊味合蒸、菜薹炒腊肉、藜蒿炒腊肉等。

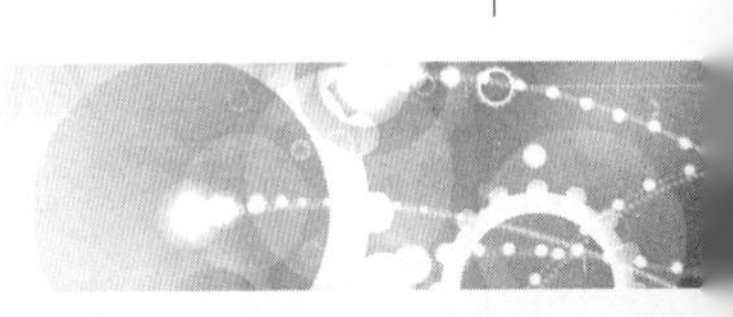

（4）西式火腿。西式火腿有无骨火腿和带骨火腿两种类型。

无骨火腿又称盐水火腿。选用腿肉，剔去骨头，可带皮和带少量肥膘，也可用全瘦肉。将肉用盐水加香料浸泡腌渍入味，然后取出用特制的模型压制或用线绳捆扎，然后加水煮制，有的要进行烟熏后再煮。无骨火腿使用比较广泛，根据形状主要有方火腿和圆火腿两种。无骨火腿如图4—10所示。

带骨火腿用整只带骨的猪后腿制作而成，其外形类似中国的金华火腿。先将整只后腿用盐、胡椒粉、硝酸盐等擦于其表面，然后再浸入加了香料的咸水卤中腌渍数日，取出风干、烟熏、悬挂自然成熟。带骨火腿如图4—11所示。

图4—10　无骨火腿

图4—11　带骨火腿

西式火腿名产繁多，著名的有法国烟熏火腿、苏格兰整只火腿、德国陈制火腿、意大利火腿、苹果火腿等。

西式火腿是西餐中广泛运用的原料，在烹饪中用来制作冷盘，也可切成小块、片、丝等制作菜肴的主配料，还可做沙拉原料。

（5）红肠。红肠属西式灌制品，以羊肠做肠衣，外观红色，肉质呈乳白色，鲜嫩细腻，香味可口。香肠使用方便，适用于煮、炸、烤、蒸等烹调方法，也可做冷菜直接食用。红肠以粗细均匀，外观色红，肉质鲜嫩、细腻者为佳。红肠如图4—12所示。

（6）香肠。香肠是一种利用非常古老的食物生产和肉食保存技术制作的食物，是将动物的肉绞碎成条状，再灌入肠衣制成的长圆柱体食品。香肠以猪或羊的小肠衣（也有用大肠衣的）灌入调好味的肉料干制而成。我国制作香肠有着悠久的历史，香肠的类型也有很多，主要分为川味儿香肠和广味儿香肠。香肠肉呈鲜红色或暗红色，脂肪呈半透明或乳白色，外表凹凸不平，干爽或微有油。香肠适用于蒸、煮、炒、烤、炸等烹调方法，还可以用于制作花色拼盘，作为凉菜直接食用。香肠以外皮完整、色泽正常、无霉点、肉馅坚实紧密者为佳。香肠如图4—13所示。

另外，其他畜肉制品包括肉松、肉干、肉铺等干制品，熏兔肉、熏肉、熏猪耳等熏制品，酱牛肉、五香驴肉、卤肉等酱卤制品。

图4—12　红肠

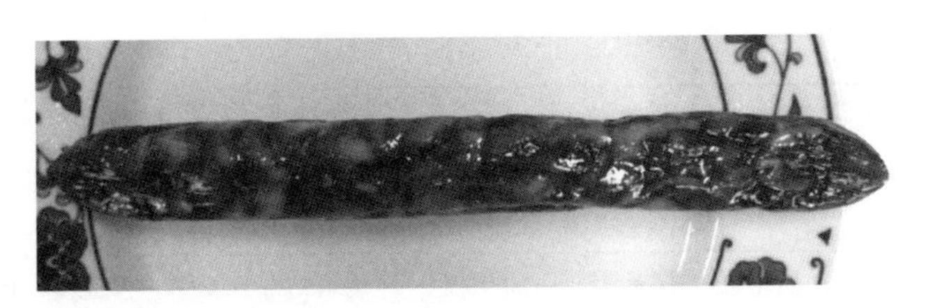

图 4—13　香肠

三、畜类原料的检验与储存

1. 畜肉的品质鉴定

家畜经宰杀后，在自身酶的作用下会相继发生僵直、成熟、自溶和腐败等现象，其中成熟阶段的肉最鲜美，自溶阶段的肉开始变质，腐败阶段的肉不能食用。

畜肉的品质鉴定方法包括感官鉴定、理化鉴定、微生物与寄生虫鉴定。检验鉴定的内容包括畜肉新鲜度检验、异常肉的检验和寄生虫检验。烹饪中常用感官鉴定法对畜肉新鲜度进行检验。

（1）猪肉的感官鉴别方法。猪肉分为新鲜肉和不新鲜肉，新鲜程度低于不新鲜肉的属于变质肉，不能食用。

新鲜肉：肌肉有光泽，红色均匀，脂肪洁白；外表微干或微湿，不粘手；具有鲜猪肉特有的气味；肉的切面致密，富有弹性，手指按压后凹陷处能立即恢复；用新鲜猪肉煮制的肉汤透明芳香，脂肪有良好气味，并大量聚集在表面。

不新鲜肉：肌肉色稍暗，脂肪缺乏光泽；外表干燥或稍粘手，新切断面湿润；有微酸或陈腐的气味，但在较深层内没有腐败味；肉较松软，手指按压后凹陷处不能即刻恢复，且不能恢复原状，煮成的肉汤混浊，无芳香气味，脂肪呈小滴，浮于表面，无鲜味。

（2）牛羊肉的感官鉴别方法。牛羊肉也可分为新鲜肉和不新鲜肉，新鲜程度低于不新鲜肉的属于变质肉，不能食用。

新鲜肉：肌肉有光泽，红色均匀，脂肪洁白或呈淡黄色；外表微干或有风干的薄膜，不粘手；具备该种肉的正常气味；肉的弹性大，手指按压后凹陷处能立即恢复；肉汤澄清，脂肪团聚集于表面，具有特殊的香味。

不新鲜肉：肌肉色稍暗，切面尚有光泽，脂肪缺乏光泽；外表干燥或稍粘手，新切断面湿润；有轻微的氨味或脂肪酸败味，但肉的内层无味；肉较松软，手指按压后凹陷处不能即刻恢复或完全恢复；肉汤稍有混浊，脂肪呈小滴，浮于表面，香味差，无鲜味。

（3）内脏质量鉴别指标。内脏质量鉴别指标见表 4—1。

表 4—1　　内脏质量鉴别指标

部位	良　好	变　质
心	红褐色，质地坚韧，有弹性，无臭味	灰褐色，质地变软，无弹性，发黏，带有恶臭味
肺	粉红色，表面光滑，有弹性，无臭味，有灰黑色的灰尘点	暗灰色，黏腻，无弹性，有的有灰绿色霉点，有臭味
舌	粉红色，质地坚韧，有弹性，无臭味	暗灰红色，外表黏腻，质软，无弹性，有臭味
肝	深紫红色，表面平滑，有光泽，柔软而有弹性，切面整齐，无臭味	红色或暗绿色，表面无黏液，无弹性

续表

部位	良　好	变　质
肠	柔软有弹性，白色或粉红色，无腐败臭味，有光泽	黏滑无弹性，色变灰绿或暗黑色，无光泽，有腐败臭味，内腔黏腻
肾	紫红色，有弹性，质地硬，有光泽，切面条纹清晰，无臭味	色暗，部分变绿，弹性差，断面条纹不清，黏腻，有臭味

2. 畜肉的保鲜方法

畜肉类是易腐食品，常温下变质迅速，这主要是由于各种微生物的侵害造成的。畜肉保鲜的关键是抑制有害微生物的生长和繁殖。因此，低温保存是能较长时间保持畜肉新鲜的保鲜方法，目前也最常用。一般低温保存有冷藏（-1 ~ 4℃）和冷冻（-12℃以下）两种方式。

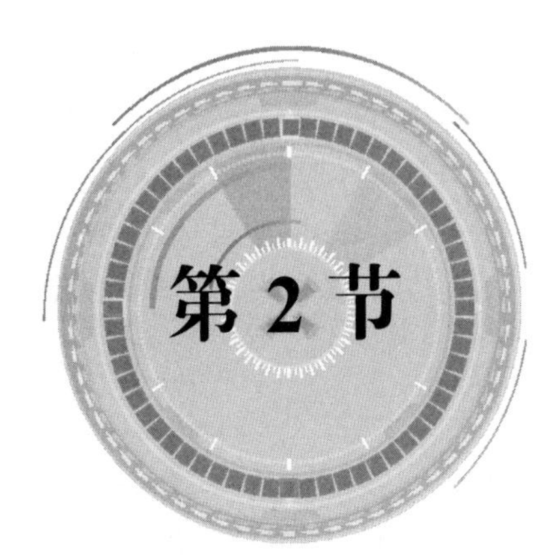

第2节 乳及乳制品

一、乳品概述

乳又称奶，是哺乳动物产仔后由乳腺中分泌出的一种白色或淡黄色的不透明液体。人类食用的乳按照动物种类划分，主要有牛乳、水牛乳、牦牛乳、山羊乳、绵羊乳、马乳、鹿乳等。按照不同泌乳期乳的化学成分的变化分为初乳、常乳、末乳、异常乳。乳中以牛乳产量最大、商品价值最高、利用最为普遍。

二、常见乳品

1. 牛奶

牛奶是奶牛的乳腺分泌出的乳白色或微奶黄色液体。鲜牛奶在常温时呈半透明状，不黏，不沉淀，具有一定的流动性，味稍甜，具特殊的奶香味。其主要成分有水、脂肪、磷脂、蛋白质、乳糖、无机盐等，且含有丰富的钙、磷、铁、锌、铜、锰、钼等矿物质，其中钙和磷的比例有利于人体对钙的吸收，是人体钙的最佳来源。组成人体蛋白质的氨基酸有20种，其中有8种是人体自身不能合成的，因此被称为必需氨基酸。人体进食的蛋白质中如果包含了所有的必需氨基酸，这种蛋白质便称为全蛋白，牛奶中的蛋白质就是全蛋白。未经消毒的奶称为生奶，不能直接饮用，必须经过灭菌处理才能饮用。

牛奶除供饮用外，也可作为烹饪原料利用。烹饪中常用牛乳代替汤汁成菜，如牛奶白菜、奶油菜心等，特点是奶香味浓、清淡爽口，但在选料时应注意选择清淡、无异味的原料。将牛奶加鸡蛋清搅匀加热后成型，如炒鲜奶。在虾茸、鱼茸中加牛乳搅拌容易上劲，如西施虾条。也可用牛奶制成甜菜，如甜羹。用牛乳和面，可制作多种面点。因牛奶具有乳化性和发泡性，可促进面团中水与油的乳化，改善面团的胶体性能，提高面团的筋力，可改善面团的质构，使面团发泡柔软，因牛奶含有呈香味的成分（如低分子量的脂肪酸），可使面团有奶香味。牛奶中的酪蛋白遇酸可凝固，因此可制作多种小吃，如北京的扣碗酪、云南的乳扇、牧区牧民们常食用的奶豆腐，以及各地食用的酸奶等。新鲜质好的鲜牛奶应具有鲜奶固有的气味和滋味，呈均匀无沉淀的液体状，颜色为白色或微黄色，黄色的产生是由于乳中含核黄素、胡萝卜素的结果。鲜奶具有乳香味，加热后尤为明显，这主要是由于乳中含有挥发性脂肪酸及其他挥发性物质所致。

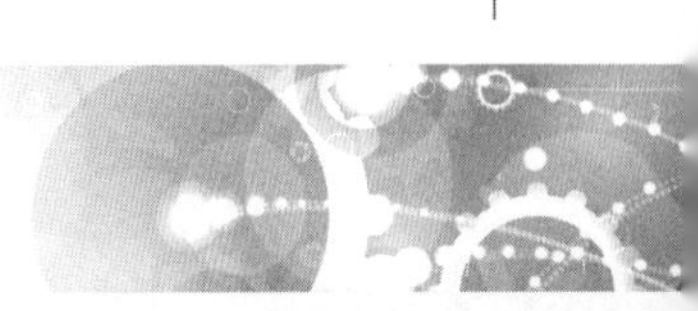

2. 羊奶

羊奶的脂肪颗粒体积为牛奶的 1/3，更利于人体吸收，且长期饮用不会引起发胖。羊奶中的维生素及微量元素明显高于牛奶，美国及欧洲的部分国家把羊奶视为营养佳品。专家建议：患有过敏症、胃肠疾病、支气管炎症或身体虚弱的人群，以及婴儿更适宜饮用羊奶。羊奶可用于炒、蒸、冻、煮等烹调方法。

新鲜羊奶呈乳白色，稍带微黄色，具有乳香味，加热后尤为明显。羊奶应呈均匀胶态，无沉淀，无凝块，无杂质。

3. 酸奶

酸奶又称酸牛奶，是以新鲜牛奶为原料，加入一定比例的蔗糖，经高温杀菌冷却后，再加入纯乳酸菌种发酵而成的一种奶制品。酸奶呈半流体状，因其含有乳酸成分而带有柔和的酸味，可帮助人体更好地消化吸收奶中的营养成分，口味酸甜细滑，营养丰富，通常直接食用。

酸奶以呈浓稠的半流体状、色泽乳黄、具特有的酸香和奶香味，无异味、无杂质、无沉淀者为佳。

4. 炼乳

炼乳是乳制品的一种，由消毒乳浓缩到原体积的 40% ~ 50% 而成，分为甜炼乳和淡炼乳两种。甜炼乳加工时加入了 15% ~ 16% 的蔗糖后经过浓缩而成；淡炼乳呈均匀有光泽的淡奶油色或乳白色，黏度适中，20℃时呈均匀的稀奶油状，无脂肪上浮，无凝块、异味等。甜炼乳呈均匀的淡黄色，黏度适中，24℃倾倒时可成线状或带状流下，无凝块，无乳糖结晶沉淀，无霉斑，无脂肪上浮，无异味。炼乳主要用于调味，也用于制作面点、糕点、小吃等。

炼乳以黏度适中、无凝块、无乳糖结晶沉淀、无霉斑、无脂肪上浮、无异味者为佳。炼乳如图 4—14 所示。

5. 奶油

奶油是乳制品的一种，消毒乳经分离而得到稀奶油。奶油根据制作方法可分为鲜制奶油、酸制奶油、重制奶油及连续式机制奶油四类。各种奶油都呈均匀淡黄色，表面紧密，无霉斑，稠度及展性适中，具奶油特有的纯香味，无异味、无杂质，可有少量的沉淀物。重奶油呈软粒状，熔后透明无沉淀。奶油多用于西点制作，中式面点制作也较常用，可作为起酥油使用。

奶油以呈均匀淡黄色，表面紧密，无霉斑，稠度及展性适中，具奶油特有的纯香味，无异味、杂质，熔后透明无沉淀者为佳。奶油如图 4—15 所示。

图 4—14 炼乳

图 4—15 奶油

6. 奶酪

奶酪又名干酪、吉司、芝士，是一种发酵的牛奶制品。其性质与常见的酸奶有相似之处，都是通过发酵过程来制作的，也都含有具保健的乳酸菌，但奶酪的浓度比酸牛奶更高，近似固体，营养价值也因此更加高。牛奶在凝乳酶的作用下浓缩、凝固，再经过自然熟化或人工加工制成奶酪。奶酪有各种颜色，营养丰富，既可直接食用，也可制作菜肴。

奶酪有许多种类，分类方法也很多，最简单的方法是将奶酪分为天然奶酪和合成奶酪两大类。天然奶酪是经过成型、压制和一定时间的自然熟化制成的奶酪。由于使用不同的发酵微生物和熟化方法，因此，天然奶酪有各种不同的风味和特色。著名的有瑞士奶酪（Swiss）、切达奶酪（Chedder），荷兰的扁圆形奶酪（Gouda）、伊顿奶酪（Edam）等，它们都需要经数个月的熟化才能制成。

合成奶酪是新鲜奶酪与天然奶酪的混合体，经过巴氏灭菌制成。合成奶酪气味芳香、味道柔和、质地松软、表面光滑，其价格比天然奶酪便宜，有片装和块装两种。

奶酪多用在制作西餐、西点中，根据品种不同用途也不同，如白奶酪可用于制作沙拉、奶酪点心、调味酱，切达奶酪可用于制作三明治、热菜、甜品，马祖拉水牛乳奶酪可用于制作小食品、三明治、意大利饼和沙拉。奶酪如图 4—16 所示。

图 4—16　奶酪

三、乳品的品质鉴定及保鲜

1. 乳品的品质鉴定

除奶酪外，要求乳品具有正常的颜色和气味，灰白、蓝、微红等色泽均不正常。有味咸、苦等也属于不正常乳品。乳品应呈匀胶状、无沉淀、无凝块、无杂质、微甜。

2. 乳品的保藏保鲜

乳品通常采用冷藏、密封、避光等方法保存，一般不冷冻。其冷藏温度以 5℃左右为宜。

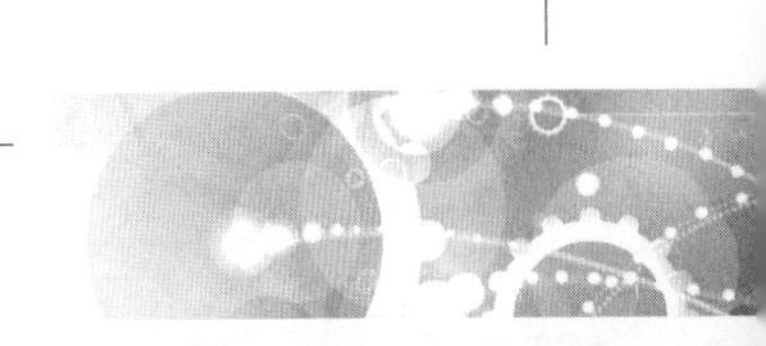

第5章

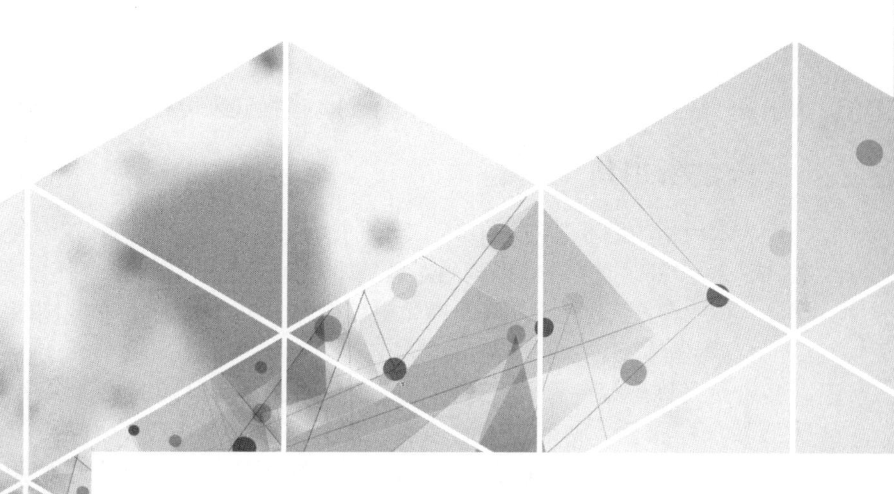

水产品原料

水产品是指水生的具有一定经济价值、能供食用的动植物，主要包括鱼类、虾蟹类和其他类。水产品种类繁多、营养丰富，能够提供丰富的优质蛋白质、不饱和脂肪酸、维生素、矿物质、卵磷脂，提供人体所需。水产品味道鲜美，是优良的食品来源。

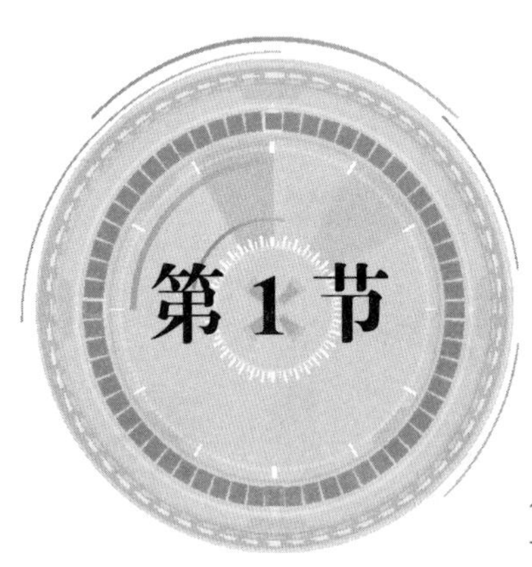

第1节 鱼类原料

鱼类是指生活在水中，以鳍游泳，用鳃呼吸，以上下颌捕食的变温脊椎动物。鱼类的种类很多，根据其生活习性和栖息环境不同，概括起来可将其分为淡水鱼和海水鱼两类。

一、淡水鱼

淡水鱼指生活于盐度在0.05%以下水域的鱼类。我国具有较高经济价值的淡水鱼类约50种，有20多种已成为重要的养殖对象，如青鱼、草鱼、鲢鱼、鳙鱼、鲤鱼、鲫鱼、鳊鱼、鳜鱼等，其中的青鱼、草鱼、鲢鱼、鳙鱼更被称为“四大家鱼”，是我国四大淡水养殖鱼。

1. 青鱼

青鱼又称黑鲩、青鲩、螺蛳青。青鱼体长，略呈圆筒形，头稍平扁，尾部侧扁，腹圆，无腹棱，棕黑色，咽喉有一行咽牙，腹鳍、胸鳍各一对，背鳍、臀鳍各一个，尾鳍交叉。青鱼鳍无硬刺，鳞大而圆，肉多刺少，质细而洁白。烹饪上以清蒸、红烧为多，可取肉切片、丁、条，或剞花刀（如菊花、荔枝等），也可制鱼丸。

青鱼以鲜活，体表无伤，江、河、湖所产为佳。青鱼一年四季均产，秋冬季较肥。青鱼主要产于长江、珠江等南方水域，是我国四大淡水养殖鱼类之一。青鱼如图5—1所示。

2. 草鱼

草鱼又称鲩鱼、草鲩、白鲩，是我国四大淡水养殖鱼类之一。草鱼与青鱼相似，略呈圆筒形，尾部侧扁，头稍平扁，体呈茶黄色，吻略钝，下咽齿两行呈梳形，体被鳞，呈茶黄色或灰白色，腹部灰白色。草鱼肉洁白，细嫩，有弹性，肉多刺但味美，可清蒸、红烧、炸、炒片、制鱼胶等。

草鱼以鲜活，江、河、湖所产为佳。草鱼一年四季均产，9—10月所产最肥，我国南北方均有出产，以湖北、湖南所产最好。草鱼如图5—2所示。

图 5—1　青鱼

图 5—2　草鱼

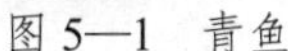

3. 鲢鱼

鲢鱼又名水鲢、白鲢等，是我国四大淡水养殖鱼类之一。鲢鱼体侧扁，稍高，腹部狭窄，鳞片细小。背部呈青灰色，腹侧银白色，各鳍均呈灰白色。鲢鱼肉质细嫩，肥美，但肉多刺。烹饪上可清蒸、红烧。

鲢鱼以鲜活，江、河、湖所产为佳。鲢鱼一年四季均产，以秋天所产最佳，主要产于长江以南的淡水湖中，池塘也有饲养，以湖南、湖北出产最多、最好。鲢鱼如图 5—3 所示。

4. 鳙鱼

鳙鱼又称胖头鱼、花鲢、大头鱼等，是我国四大淡水养殖鱼之一。鳙鱼与鲢鱼外表相似，但鳙鱼头部较大，约占体长 1/3，肚背也比较宽厚，鳙鱼背部及两侧上半部比鲢鱼的色泽要黑，腹部灰白，并带有黑色斑点。鳙鱼鱼头常用于烧、蒸、炖，如砂锅鱼头、鱼头泡饼、清炖鱼头等。

鳙鱼以鲜活、无污染、无伤痕者为佳。鳙鱼一年四季都有，但冬季最肥，我国各地均产，以南方所产为好。鳙鱼如图 5—4 所示。

图 5—3　鲢鱼

图 5—4　鳙鱼

5. 鲤鱼

鲤鱼又称赤鲤、鲤拐子和鲤子等。鲤鱼体长、略侧扁，头大嘴小有两对须，鳞片大而厚，下咽齿呈臼齿形，背鳍基部较长，背鳍、臀鳍均具有粗壮的带锯齿的硬刺，背部灰黑，体侧金黄，腹部白色，雄性成体尾鳍、臀鳍呈橘红色，肉厚质嫩。鲤鱼按生长地不同可分为河鲤鱼、江鲤鱼、塘鲤鱼。鲤鱼肉厚肥嫩，味鲜，宜烧、蒸、炸、熘、腌、熏。

鲤鱼以鲜活，江、河、湖所产为佳。鲤鱼一年四季均产，以 2—3 月出产的最肥，我国多地分布，以黄河上游所产的黄河鲤鱼质量最好，广东高要产的文岌鲤也较佳。鲤鱼如图 5—5 所示。

6. 鲫鱼

鲫鱼又称鲫瓜子、鲋鱼、蓟鱼、土鱼等。鲫鱼体形宽扁，长圆形，背高，体色多为灰黑色，也有金黄色的，嘴上无须，鳞细小，刺多。鲫鱼肉嫩、味美，在烹饪上使用广泛，可

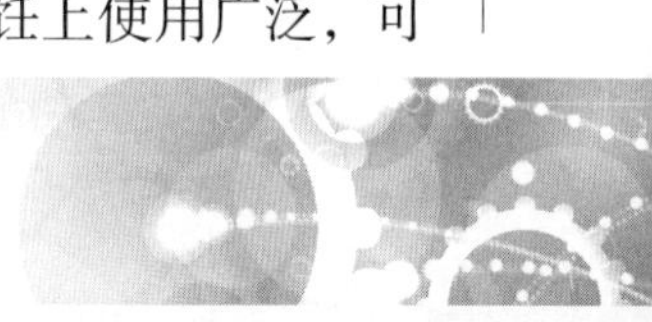

清蒸、干烧、煎焖、炸、煮汤等。

鲫鱼以鲜活，大小适中，江、河、湖所产为佳。鲫鱼一年四季均产，2—4月产的最肥美，广泛分布在各地江河湖泊和鱼塘中。长江中的鲫鱼体积最大，但湖泊中体积较小者肉质优于长江中的鲫鱼。北方以河北白洋淀所产的最优，南方以江苏龙池所产最佳。鲫鱼如图5—6所示。

图5—5 鲤鱼

图5—6 鲫鱼

7. 鳊鱼

鳊鱼又称鲂鱼。鳊鱼体侧扁，中部较高，略呈菱形，背面青灰而稍带有绿色光泽，体侧银灰色，头小，口端位，背鳍有光滑硬刺，臀鳍延长，肉味鲜美，有河鳊、塘鳊之分。鳊鱼肉质幼嫩，尤以腩部最为肥美香浓，烹饪上宜清蒸、炸、红烧、干烧。

鳊鱼以鲜活、无污染、无伤痕者为佳。鳊鱼一年四季均产，以冬末初春所产最肥，分布于全国各地。鳊鱼如图5—7所示。

8. 团头鲂

团头鲂又称武昌鱼，由于其外形与鳊鱼相似，且色同为银灰色，因此，人们常把团头鲂混称为鳊鱼。团头鲂体背灰黑色，体侧银灰色，体侧鳞片基部灰黑，边缘较淡，组成许多条纵纹，头短小，口端位，宽弧形，上下颌前缘角质突起。背鳍有粗壮光滑的硬刺，臀鳍延长。尾柄高明显大于其长。团头鲂脂多、肉嫩、味美，烹饪上以清蒸最佳，也可以红烧、干烧。

团头鲂以鲜活、无污染、无伤痕者为佳。团头鲂以冬春所产为佳，主要产于长江中游的梁子湖一带。团头鲂如图5—8所示。

图5—7 鳊鱼

图5—8 团头鲂

9. 鳜鱼

鳜鱼又称桂花鱼、季花鱼、桂鱼等，是鱼中佳品。鳜鱼身形俏丽，体高而侧扁，背部隆起，色青紫，带有光泽，具有不规则黑色斑纹，嘴大略倾斜，口中有利齿，下颌突出，头尖长，吻尖突，前鳃骨盖后缘锯齿状，背鳍硬棘发达，鳞细小。鳜鱼肉质丰满，肥厚细嫩，色洁白，骨刺极少。无论采用何种烹调方法，都鲜美非凡，鲜味绝佳，尤以清蒸为佳。

鳜鱼以鲜活、无污染、无伤痕者为佳。鳜鱼一年四季均产，春季肥硕，以南方产量较多。鳜鱼如图 5—9 所示。

10. 鮰鱼

鮰鱼亦称江团、白吉、鮠鱼，是名贵的洄游鱼类。鮰鱼体修长，前部扁平，腹圆，后身渐细，大者可达 1 m 以上。背灰腹白，体表无鳞，吻长圆实，有须四对。鮰鱼肉细软嫩，鲜美肥润，鱼鳔肥厚，可做鱼肚。烹饪上以红烧、清蒸、白汁为佳。

鮰鱼以鲜活、无污染、无伤痕者为佳。鮰鱼以每年 4—5 月出产最好，以长江下游出产为佳。鮰鱼如图 5—10 所示。

图 5—9　鳜鱼

图 5—10　鮰鱼

11. 鲇鱼

鲇鱼又称塘虱、胡子鲢、黏鱼、额白鱼。鲇鱼身青灰、黑褐色、灰黑色，略有暗云状斑块，腹白，头大，嘴扁有须，尾略扁，多黏液，体无鳞，背鳍很小，无硬刺，有 4 ~ 6 根鳍条。此鱼肉质嫩滑松软，不结实，骨刺少，烹饪上以豉汁蒸、红烧为佳。

鲇鱼一年四季均产，最佳的食用季节在仲春和仲夏之间，生长于长江、黄河、珠江等流域中。鲇鱼如图 5—11 所示。

12. 非洲鲫鱼

非洲鲫鱼也称罗非鱼、福寿鱼，因原产非洲莫桑比克而得名。其外形与我国鲫鱼相似，但个体较大，大者可达 4 kg。我国自 20 世纪 50 年代开始引进，现全国各地均有养殖。此鱼生长快，繁殖力强，已成为我国主要食用鱼之一。此鱼肉质鲜美，细嫩，刺少，因此烹饪上以清蒸、红烧为主。

非洲鲫鱼以每年秋冬出产为最佳，我国南方出产较多。非洲鲫鱼如图 5—12 所示。

图 5—11　鲇鱼

图 5—12　非洲鲫鱼

13. 黑鱼

黑鱼又名乌鱼、乌鳢、生鱼、蛇头鱼、斑鳢等。体黑色，体形略呈圆柱形，口大，裂伸过眼后，头部似蛇头，覆盖有鳞片，后部逐渐侧扁，其背、侧呈黄褐色或黑色，有黑色斑点纹，腹部淡白色。雄性鱼胸部有许多黑斑点，尾鳍前仅有两列黑斑。黑鱼肉富有弹性，骨刺少，味鲜美，烹饪上可适用于清蒸、煮汤、煲汤等，尤以煲汤的滋补作用明显。

黑鱼以鲜活、无污染、无伤痕者为佳，夏季盛产，除西北高原地区以外，全国各地河川、湖泊均有出产。黑鱼如图5—13所示。

14. 鲥鱼

鲥鱼又称时鱼、三黎鱼、三来，为我国名贵食用鱼类。鲥鱼体侧扁，腹缘有锐利的棱鳞，排列成锯齿状，口大、端位，鳞大而薄，体背和头部灰黑色，上侧略带蓝绿色光泽，下侧和腹部银白色。鲥鱼个体较大，肉细脂厚。宜清蒸、红烧，因其鳞片富含脂肪，故烹时应保留鱼鳞。

鲥鱼以鲜活、无污染、无伤痕者为佳。鲥鱼一年四季均产，以夏秋季所产为佳，主产于长江、珠江和钱塘江等水系。鲥鱼如图5—14所示。

图5—13 黑鱼

图5—14 鲥鱼

15. 银鱼

银鱼又名面条鱼、残脍鱼、白鱼等。鱼体细长，圆柱形，后部左右侧扁，头部上下平扁，全身白色透明，无鳞，口大，体小，无刺，肉质色白如银，细嫩无比，没有腥味。银鱼烹饪上可炒、炸、煎、煮汤。清明节后因产卵而干瘦，可供晒制鱼干。鲜食以小者为佳。

银鱼以鲜活、无伤痕者为佳。银鱼春季较肥，主要产于太湖、淀山湖及全国近海海域中，以太湖银鱼最著名。银鱼如图5—15所示。

16. 黄鳝

黄鳝亦称鳝鱼、长鱼等。黄鳝体形细长如蛇，头圆，前段圆粗，尾部短细，背褐，肚黄，眼小，无鳞，浑身滑腻有黏液。黄鳝肉嫩，味鲜，无骨刺，烹饪上可油炸、红烧、酒焗、椒盐、炒片、炒丝等。

黄鳝以腹黄者为佳。春末夏初是鳝鱼的上市旺季，尤以小暑前后1个月内最佳，分布广泛。黄鳝如图5—16所示。

17. 泥鳅

泥鳅又称鳅鱼，因长期沉于泥水中生长而得名。泥鳅形似黄鳝，但比黄鳝短小，头圆，眼小，背黄褐色，腹灰白，无鳞，有黏液。泥鳅肉滑嫩，但泥味较重，烹饪上使用方法较多，常用于椒盐、红烧、红油、煮汤等，可以用于火锅。

图 5—15 银鱼

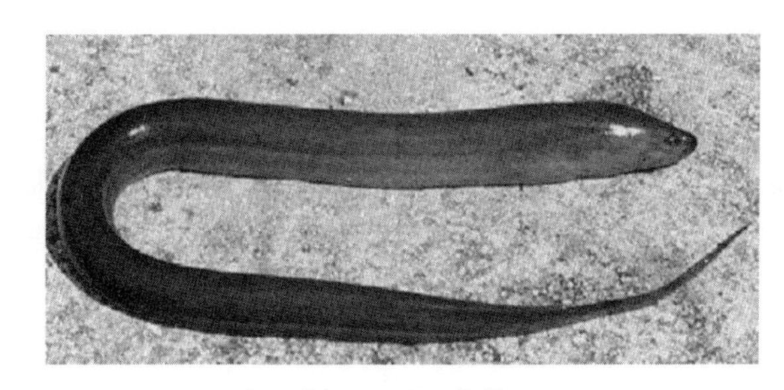

图 5—16 黄鳝

泥鳅以鲜活、无污染、无伤痕者为佳。泥鳅常年上市，以夏初食味最佳，除西北高原外，在我国分布较广。泥鳅如图 5—17 所示。

18. 鳗鱼

鳗鱼又称鳗鲡、白鳝等。鳗鱼体长，表面多黏液，前部呈圆筒状，后部稍侧扁，头中等，眼小，嘴尖而扁，下颌长于上颌，鳞细小，埋于皮下，呈席纹状排列，臀鳍与尾鳍相连，胸鳍小而圆，无腹鳍，体背为灰黑色，腹部白色。鳗鱼质嫩而皮肥肉细，入口肥糯，适用于蒸、炸、煮、切片等，还可斩茸为馅，或制成鱼丸、鱼糕等，鳗鱼经腌渍后风干又称鳗鲞，风味独特。

鳗鱼以鲜活、无污染、无伤痕者为佳。鳗鱼冬春季最肥，主要分布于长江、闽江、珠江流域及海南岛等江河、湖泊中，我国许多地方均大量养殖，以江河出海口处所捕最佳。鳗鱼如图 5—18 所示。

图 5—17 泥鳅

图 5—18 鳗鱼

19. 鲚鱼

鲚鱼又名刀鱼、凤尾鱼、江鲚等。鲚鱼体侧扁，尾部延长，向后渐细尖，口大，端位，胸鳍的上部有游离的鳍条，延长呈丝状，臀鳍低而延长，与尾鳍相连，体披圆鳞，腹部有棱鳞。鲚鱼大多生于海洋，每年春季成群入江河中产卵。鲚鱼肉质肥嫩，鲜美，骨小，烹饪上可炸、煮、蒸，以炸食最佳。初加工后用盐、味精、生抽、姜、葱、料酒腌制入味，放入锅中炸至金黄色即可。

鲚鱼以鲜活、无污染、无伤痕者为佳，4—9 月为其上市期，主要分布长江、钱塘江、

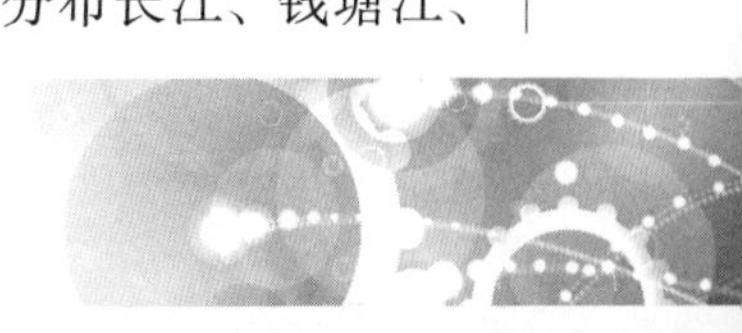

珠江等水域。鲚鱼如图 5—19 所示。

20．鲑鱼

鲑鱼亦称大马哈鱼，是我国名贵鱼类之一。鲑鱼口大，牙尖锐，吻突，眼小。体披圆鳞，银灰色，常具绯色宽斑。腹银白色，背鳍、胸鳍和腹鳍较小，尾鳍呈叉形，背部后方有一脂鳍。鲑鱼原来生活在太平洋北部，在海水中成长发育后便成群结队向西游去，最后落脚在我国乌苏里江、松花江产卵。鲑鱼肉呈橘红色，脂肪含量较高，质细嫩，味鲜美，刺少，烹饪上可蒸、红烧、制作鱼胶等，还可腌制、熏制，鱼卵常用来制作红鱼子，鱼肝脏可制取鱼肝油。

鲑鱼以鲜活、无污染、无伤痕者为佳，秋季最肥，产于黑龙江、图们江等水系。鲑鱼如图 5—20 所示。

图 5—19　鲚鱼

图 5—20　鲑鱼

21．鲮鱼

鲮鱼又称土鲮鱼，是我国南方鱼塘中一种重要的养殖鱼类。鲮鱼体形长而侧扁，腹部圆，背部在背鳍前方稍微隆起，头短，吻圆钝，体侧上部青灰色，腹部银白色。鲮鱼肉鲜美，细嫩，但骨丝较多，吸水性强，烹饪上以豉汁蒸为多，也可制作罐头。

鲮鱼原分布在广东、广西、福建南部气候比较热的淡水河川里，现其他地区逐步在池塘中养殖。鲮鱼如图 5—21 所示。

22．虹鳟鱼

虹鳟鱼也称红鳟鱼。鱼体呈纺锤形，头小，肉多，刺少。性成熟时，身体两侧沿着侧线有两条棕红色对称纵行条纹，宛如天上彩虹，鲜艳夺目。虹鳟鱼肉质厚而鲜，整条鱼丰满肥硕，可食部分比例高，烹饪上可蒸、红烧、烤。

我国南北各地均有养殖，大多分布在北京、山东、山西、陕西、辽宁、吉林等地。虹鳟鱼如图 5—22 所示。

图 5—21　鲮鱼

图 5—22　虹鳟鱼

23．黄腊丁

黄腊丁又称黄颡鱼，属小型鱼类。体长，前部平扁，后部侧扁，腹部平直，头大，吻短钝，口小，须 4 对，鳃孔大，体无鳞，体青黄色，背部黑褐色，体侧有宽而长的黑色断纹，鼻须半为白色，半为黑色。肉嫩，刺少，味鲜，多脂肪。烹饪上宜烧、焖、煮、烩等，现也常用于火锅和水煮菜式。

黄腊丁以鲜活、无污染、无伤痕者为佳，夏季盛产，分布于我国各主要水系。黄腊丁如图 5—23 所示。

图 5—23　黄腊丁

二、海水鱼

我国海洋跨温带、亚热带和热带 3 个气候带，毗邻我国大陆边缘的渤海、黄海、东海和南海连成一片，海洋生物资源丰富，近海有生物种类 10 000 多种，其中鱼类约 1 500 种。东海是我国最主要的良好渔场，盛产大黄鱼、小黄鱼、带鱼等，舟山群岛附近的渔场被称为中国海洋鱼类的宝库。黄海主要经济鱼类有小黄鱼、带鱼、鲐鱼、鲅鱼、黄姑鱼、鳓鱼、太平洋鲱鱼、鲳鱼、鳕鱼等。渤海盛产带鱼、黄鱼。南海主要经济鱼类有金色小沙丁鱼、青石斑鱼、黄鲷、青干金枪鱼等。

1. 大黄鱼

大黄鱼又名大黄花鱼、桂花黄鱼，是我国主要海产经济鱼类之一。大黄鱼头尖圆，体长而侧扁，呈柳叶形，头部耳石较大，背灰褐色，侧与腹为黄色，鳞细而薄，尾扁带尖，尾色金黄。大黄鱼肉为蒜瓣肉，肥而不腻，味道鲜美，骨丝少，为咸水鱼中的上品，烹饪上宜红烧、煎焖、糖醋、干煎，也可用于做汤，清蒸的烹调方法较少用。

大黄鱼以鲜活或体态完整、肌肉有弹性、无伤痕、无污染者为佳。大黄鱼主要分布在东海和南海，广东南澳岛和浙江舟山群岛出产最多，为我国著名产地。广东沿海以 10 月为旺季，福建以 12 月至次年 3 月为旺季，浙江以 5 月为旺季。大黄鱼如图 5—24 所示。

2. 小黄鱼

小黄鱼又名黄花鱼、小鲜等，为我国经济鱼类之一。小黄鱼体长，侧扁，呈柳叶形，头大而尖，牙尖而细，体被栉鳞，鳞较大，背侧呈黄褐色，腹部金黄色。小黄鱼肉质细嫩，烹饪上可炸、煎、焖、醋熘等。

小黄鱼以鲜活或体态完整、肌肉有弹性、无伤痕、无污染者为佳。小黄鱼春季、夏季、秋季均产，主要产于东海、黄海、渤海。小黄鱼如图 5—25 所示。

图 5—24　大黄鱼

图 5—25　小黄鱼

3. 带鱼

带鱼又名大刀鱼、白带鱼、海刀鱼等，为我国沿海最重要经济鱼类。带鱼体长侧扁，呈带状，尾细长，体银白色，口大，背鳍很长，胸鳍小，无腹鳍，无鳞片。带鱼肉嫩肥厚，味美，刺少，烹饪上宜清蒸、红烧、香炸。

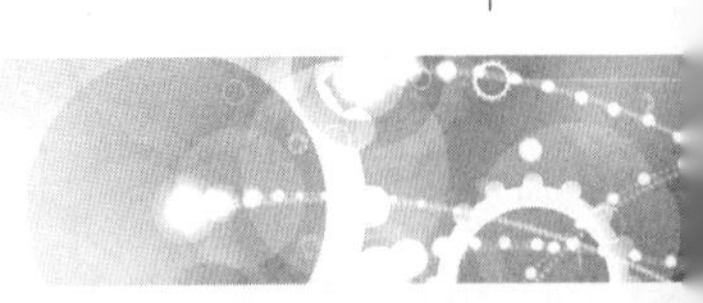

带鱼以鲜活或体态完整、体表银粉完全、肌肉有弹性、无伤痕、无污染者为佳。每年 9 月至次年 3 月为其旺季，主要产于山东、浙江、河北、福建、广东沿海，烟台、青岛产量最高，山海关所产的质量最好。带鱼如图 5—26 所示。

4. 鲈鱼

鲈鱼又称板鲈、花鲈。鲈鱼体长，侧偏，口大，倾斜，体青灰色，有黑色斑点，背厚，鳞片较小，肚呈白色。肉质紧实，纤维较粗，但刺少、味鲜，烹饪上宜烧、焖、清蒸、煮汤、红烧或制作鱼丸，以清蒸为最佳。

鲈鱼以鲜活或体态完整、肌肉有弹性、无伤痕、无污染者为佳。鲈鱼以秋季所产最为肥美，既可在江河近海处的咸水中生长，也可在纯淡水中生长，上海淞江口所产的四鳃鲈鱼最出名。鲈鱼如图 5—27 所示。

图 5—26 带鱼

图 5—27 鲈鱼

5. 鳓鱼

鳓鱼又称曹白鱼、石鳞鱼。鳓鱼体长而宽，身侧扁，口斜向上，下颌凸出，体被薄圆鳞，无侧线，腹部有锯齿状棱鳞，体侧银白色，背面黄绿色，背鳍和臀鳍短，尾鳍深分叉。鳓鱼肉质鲜嫩肥美，但细刺较多，烹饪上宜清蒸、红烧、煲、炸、焖。

鳓鱼以鲜活或体态完整、肌肉有弹性、无伤痕、无污染者为佳。鳓鱼的盛产期在春末夏初，我国沿海均产，主产于渤海。鳓鱼如图 5—28 所示。

6. 鳕鱼

鳕鱼又称大口鱼、大头青鱼。鳕鱼体长形，头大，鳞很小，体背侧黄褐色，有不规则褐色斑点和花纹，腹侧灰白色，体长 20 ~ 70 cm。鳕鱼肉质细嫩洁白，味较鲜美，适于烧、焖、煨、煎、烤、炸、蒸等烹调方法，以红烧为最佳。

鳕鱼以鲜活或体态完整、肌肉有弹性、无伤痕、无污染者为佳。鳕鱼生产旺季为 1—2 月，主要产于黄海和东海北部。鳕鱼如图 5—29 所示。

图 5—28 鳓鱼

图 5—29 鳕鱼

7. 鲅鱼

鲅鱼又名马鲛鱼。鲅鱼头尖口大，身长带圆，吻尖实，无鳞，背青色，腹白色，前后两背鳍相距较近，背鳍和臀鳍各有 8 ~ 9 个小鳍。此鱼肉多，肥厚，鲜性较好，刺少，但肉质粗糙，并略带腥味，烹饪上可红烧、干煎等，也可做饺子馅。

鲅鱼以鲜活或体态完整、肌肉有弹性、无伤痕、无污染者为佳。鲅鱼产于春夏两季，我国沿海均有出产。鲅鱼如图 5—30 所示。

8. 石斑鱼

石斑鱼体色鲜艳且有彩色的斑纹带，故名“石斑”。石斑鱼的种类较多，常见的品种如下。

（1）老鼠斑。老鼠斑身体布满圆形斑点，吻尖而短，背缘呈弧形，驼背，幼鱼头、身体及各鳍间均有黑圆斑点，成鱼体侧有灰褐色斑块，因其唇嘴尖长似老鼠而得名。老鼠斑分布在南海、热带印度洋和大西洋。肉质细嫩，味道鲜美，鱼皮胶质丰富，最宜清蒸。

（2）红斑。红斑体色橙红，有五条深色横带，眼后缘有一暗斑，鳞片无白点，背鳍棘部边缘黑褐色。红斑宜清蒸或炒或煲汁。

（3）星斑。星斑身上有斑点，因栖息在珊瑚环境故体色有纯红、纯蓝或棕色等多种色素。星斑按出产地可分为东星斑和西星斑。东星斑产于东沙群岛，体形浑圆稍细长，皮薄肉质鲜美、清香，宜清蒸。西星斑产于西沙群岛，鱼体表面粗糙，星点粗大而圆，肉质脆爽而鲜甜，宜炒或煲汁。

石斑鱼以鲜活或体态完整、肌肉有弹性、无伤痕、无污染者为佳。石斑鱼如图 5—31 所示。

图 5—30　鲅鱼

图 5—31　石斑鱼

9. 比目鱼

比目鱼又名牙鲆鱼、牙偏、左口等。比目鱼体型扁平，口大，眼睛在一侧，有眼一面为灰褐色至深褐色，有黑色斑点；无眼的一面为白色，鳞片小。比目鱼肉质细嫩，味道鲜美。烹饪上多用于清蒸、红烧、干煎、煮汤。

比目鱼以鲜活或体态完整、肌肉有弹性、无伤痕、无污染者为佳。比目鱼冬天在深水区越冬，春夏之交由深水游向近岸繁殖，此时是最佳捕捞时机，秋冬季节最肥美。比目鱼在我国沿海地区均产，以黄海、渤海产量多，质优。比目鱼如图 5—32 所示。

10. 鲱鱼

鲱鱼体侧扁，长约 20 cm，背青黑色，腹银白色，眼皮、眼睑、腹部有细小棱鳞。鲱鱼肉质细嫩，味醇香，烹饪上可红烧、清炖、煎，也可盐腌或制作罐头。

鲱鱼以鲜活或体态完整、肌肉有弹性、无伤痕、无污染者为佳。鲱鱼春冬两季出产，我国黄海、渤海均有出产。鲱鱼如图 5—33 所示。

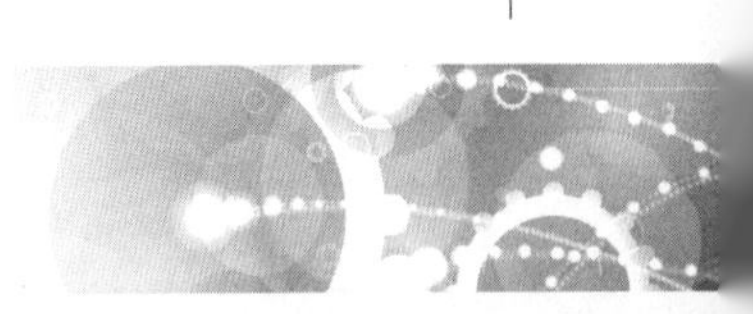

图 5—32　比目鱼

图 5—33　鲱鱼

11．海鳗

海鳗亦称海鳗鲡、牙鱼、狼牙鱼、麻蛇鱼等。海鳗体长而圆，后端侧扁，头尖长，嘴、眼较大，上下颌前有锐利的大形牙，背鳍与臀鳍延长，与尾鳍相连，无腹鳍，背灰色，腹灰白色。海鳗肉质细嫩，有骨刺，味肥香，可红烧、清蒸、炒、煲汁、炖汤，鱼鳔可干制成鱼肚，鱼肉也可制成干品。

海鳗以鲜活或体态完整、肌肉有弹性、无伤痕、无污染者为佳。海鳗夏季入伏时盛产，以农历六月最为肥美，我国沿海各地均产，以东海为主。海鳗如图 5—34 所示。

12．银鲳

银鲳又称鲳鱼、镜鱼、平鱼、白鲳等。银鲳鱼体短而高，呈卵圆形，体侧扁，头小，吻短，口小微斜，体被圆鳞，细小易脱落，背部青灰色，腹部乳白色，全体银色而具光泽，并密布黑色细斑。烹饪上适用广泛，以蒸、煎为最佳。

银鲳以鲜活或体态完整、肌肉有弹性、无伤痕、无污染者为佳。银鲳 3—6 月出产较多，我国沿海均有出产，东海为主要产区。银鲳如图 5—35 所示。

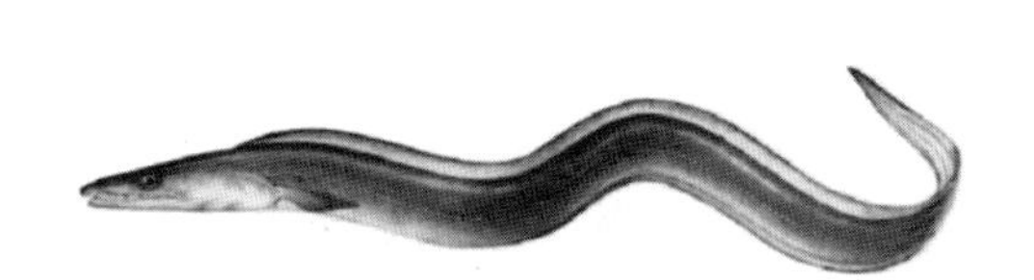

图 5—34　海鳗

图 5—35　银鲳

13．鲐鱼

鲐鱼亦称鲭鱼、油筒鱼、青花鱼。鲐鱼体呈纺锤形，长 60 cm，尾柄细，背青色，腹白色，体侧上部具有深蓝色波状花纹，第二背鳍与臀鳍后方各有 5 个小鳍，尾鳍呈叉形。此鱼肉质坚实，品质优良，食味鲜美，烹饪上可蒸、红烧、煲汁，以红烧为佳。

鲐鱼以鲜活或体态完整、肌肉有弹性、无伤痕、无污染者为佳。鲐鱼产于春夏两季，我国沿海均有出产。鲐鱼如图 5—36 所示。

14．真鲷

真鲷北方称为加吉鱼，江浙俗称铜盆鱼。真鲷体侧扁而高，眼大，口小，体色鲜红，伴有稀疏的斑点，体被栉鳞，背鳍和臀鳍具有硬刺，尾鳍边缘黑色。真鲷肉质细嫩，鲜美似鸡肉，刺少，为名贵的海鲜，烹饪上可清蒸、干煎、煮汤、红烧。鲜活的真鲷最宜清蒸、煮汤。

真鲷以鲜活或体态完整、肌肉有弹性、无伤痕、无污染者为佳。真鲷产于夏季，我国沿海各地均产，黄海、渤海产量较大，以秦皇岛所产的最肥美。真鲷如图 5—37 所示。

图 5—36　鲐鱼

图 5—37　真鲷

15. 梭鱼

梭鱼又称斋鱼、红眼、肉棍子。体细长，前端平扁，向后渐侧扁。体长一般 20 ～ 50 cm。口下位，呈人字形。下颌中间有一凸起，上颌中央有一凹陷，眼较小，红色，眼脂睑不发达。背鳍 2 个，臂鳍鳍条 9 根，尾鳍叉形，缺刻较浅。体被弱栉鳞，无侧线。背部深灰色，腹部白色。体侧上方有数条暗色条纹。梭鱼肉味鲜美，可采用烧、熘、炖、蒸等方法成菜，最宜清蒸、红烧、做汤。

梭鱼以鲜活或体态完整、肌肉有弹性、无伤痕、无污染者为佳。梭鱼产于春秋两季，我国沿海均产。梭鱼如图 5—38 所示。

16. 鲨鱼

鲨鱼又称鲛鱼。鲨鱼身体呈纺锤形，鳃裂位于头部两侧，每侧鳃裂 5 ～ 7 个，多数种类有喷水孔。鳞为盾状，胸鳍和腹鳍大，尾鳍发达。鲨鱼种类较多，有皱唇鲨、双髻鲨、青鲨、阔鲨等。肉质粗糙有韧性，味较差，烹饪上适宜红烧、煮汤。其鳍干制品是名贵的鱼翅，鱼皮、鱼骨、鱼唇均可干制，都是制汤的较好原料。

鲨鱼以鲜活或体态完整、肌肉有弹性、无伤痕、无污染者为佳。鲨鱼产于夏季，我国沿海均产。鲨鱼如图 5—39 所示。

图 5—38　梭鱼

图 5—39　鲨鱼

17. 马面鲀

马面鲀体侧扁，长椭圆形，长 12 ～ 25 cm，口小，端位，背鳍两个，第一背鳍鳍棘粗大，位于眼中央后上端，后缘有倒刺，腹鳍退化成一短棘，鳞细小，绒毛状，无侧线。体

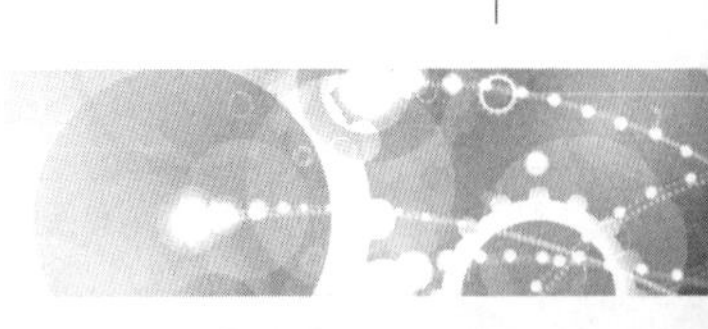

呈蓝灰色，鳍为绿色，尾鳍中间鳍膜为白色。马面鲀的皮呈革质，烹调前需先剥去。马面鲀肉质坚实，纤维细嫩，味道鲜美，宜清蒸、红烧、焖、熏制等，也可打茸制鱼丸。

马面鲀以鲜活或体态完整、肌肉有弹性、无伤痕、无污染者为佳。马面鲀因产地不同，春季、夏季、秋季均产，主产于我国黄海、渤海、东海。马面鲀如图 5—40 所示。

18. 鳐鱼

鳐鱼是鳃裂在腹位的板鳃鱼类的统称，是一种栖于海底层的鱼类。我国产 30 多个品种，其共同特征为：多呈平扁形、圆形、斜方形或菱形；尾延长，或呈鞭状；口腹位，牙呈铺石状；鳃孔 5 个，腹位；背鳍大多两个，胸鳍常扩大，背鳍消失，尾鳍小或没有。鳐鱼肉鲜美，软骨，无骨刺，腥味较大，烹饪上以红烧为多，也可采用炖、炸、焖等烹调方法。

鳐鱼以鲜活或体态完整、肌肉有弹性、无伤痕、无污染者为佳。鳐鱼产于夏季，主产于黄海、东海、南海。鳐鱼如图 5—41 所示。

图 5—40　马面鲀

图 5—41　鳐鱼

三、鱼类原料的检验与储存

1. 鱼类原料的检验

鱼类原料的质量取决于其新鲜程度，通常用感官鉴别方法判断是否新鲜。可从以下几个方面进行检验。

（1）眼球

新鲜鱼：眼球饱满突出，角膜透明清亮，有弹性。

次鲜鱼：眼球不突出，眼角膜起皱，稍变混浊，有时眼内溢血发红。

腐败鱼：眼球塌陷或干瘪，角膜皱缩或有破裂。

（2）鱼鳃

新鲜鱼：鳃丝清晰呈鲜红色，黏液透明，具有海水鱼的咸腥味或淡水鱼的土腥味，无异臭味。

次鲜鱼：鳃色变暗呈灰红或灰紫色，黏液轻度腥臭，气味不佳。

腐败鱼：鳃呈褐色或灰白色，有污秽的黏液，能闻到腐臭气味。

（3）体表

新鲜鱼：有透明的黏液，鳞片有光泽且与鱼体贴附紧密，不易脱落（鲳鱼、大黄鱼、小黄鱼除外）。

次鲜鱼：黏液多不透明，鳞片光泽度差且较易脱落，黏液黏腻而混浊。

腐败鱼：体表暗淡无光，表面附有污秽黏液，鳞片与鱼皮脱离殆尽，具有腐臭味。

（4）肌肉

新鲜鱼：肌肉坚实有弹性，指压后凹陷立即消失，无异味，肌肉切面有光泽。

次鲜鱼：肌肉稍呈松散，指压后凹陷消失得较慢，稍有腥臭味，肌肉切面有光泽。

腐败鱼：肌肉松散，易与鱼骨分离，指压时形成的凹陷不能恢复或手指可将鱼肉刺穿。

（5）腹部外观

新鲜鱼：腹部正常、不膨胀，肛孔白色，凹陷。

次鲜鱼：腹部膨胀不明显，肛门稍突出。

腐败鱼：腹部膨胀、变软或破裂，表面发暗灰色或有淡绿色斑点，肛门突出或破裂。

2. 鱼类原料的储存

从市场采购回来的鱼类有些是刚捕获的活鱼，有些是经过短时间储存的，有些是经过长时间冷冻的。因此，鱼类在储存过程中应针对不同情况，采用科学、正确的储存方法，保持鱼的新鲜度。

（1）活养。活的淡水鱼适于清水活养，部分海产鱼可采用海水活养，但因受条件限制运用较少。活养可使鱼类保持鲜活状态，又能使其排出体内污物，减轻异味。活养时要注意水温和水的含氧量，要保持活养水的清洁、无污物，如需长期活养，还需定期换水。

（2）冷藏。对已经死亡的各种鱼类，储存方法以冷藏为主。冷藏时应先把鱼体洗净，去净内脏，滤干水分。冷藏的温度视不同情况而定，一般应控制在 –4℃以下；如果数量太多，需储存较长时间，温度宜控制在 –20℃左右。冷藏时应注意堆放时不宜堆叠过多，否则冷气进不了鱼体内部就会引起外面冻而内部变质的现象。经冷藏的冻鱼烹制前，应充分解冻，最好采取自然解冻的方法。

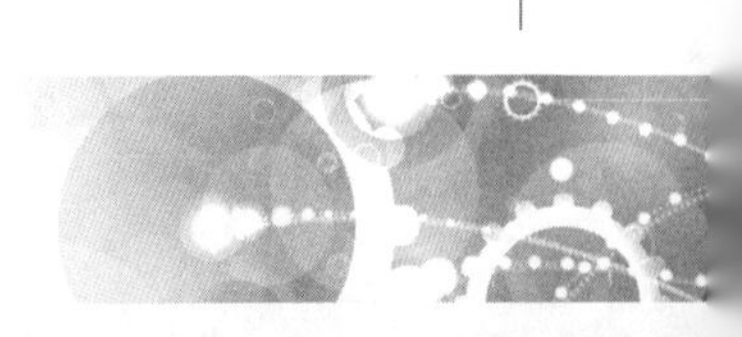

虾蟹类原料

虾和蟹的组织构造与其他水产动物的最大区别是以坚硬如甲的石灰质外壳来保护身体内部的柔软组织。虾蟹类的外壳就是它们的骨骼，称为外骨骼。在外骨骼上有许多色素细胞，这些细胞中的色素属类胡萝卜素的虾青素，当加热或遇酒精时其蛋白质发生变性，虾青素析出后被氧化为红色的虾红素，因此，虾蟹烹调后的色泽艳丽。外骨骼的里面是柔软纤细的肌肉和内脏，虾的内脏少、肌肉多，蟹则相反，腹腔内容物多，肌肉少。虾蟹的肌肉均为横纹肌，肌肉洁白，肉质细嫩，持水力强。

一、虾类

虾是一类生活在水中的甲壳类节肢动物，分海水虾和淡水虾两大类。其具体种类很多，我国就有 400 多种，以海产虾的种类和资源量居多。虾的腹部肌肉发达，包括腹部屈肌、斜伸肌、斜屈肌，其去皮后的鲜品称为“虾仁”，将其干制后称为“虾米”。常作为烹饪原料运用的品种有龙虾、对虾、青虾、白虾、罗氏沼虾、基围虾等。

1. 龙虾

龙虾为虾类中体形最大的一种，因其形态威武，故称龙虾。龙虾全身披着坚硬的甲壳，还长有很多尖锐的刺，有两条长而带刺的触鞭和五对粗壮的脚，体表呈草绿色，步足有黄、黑色环带相间，腹肢及尾扇末端呈橘黄色。全身分为头胸部和腹部两大部分，头胸部粗大，呈圆筒形，腹部比较短小，背腹稍扁，尾经常曲折于腹下。龙虾体长约 30 cm，体重一般有 1 kg，大者可达 5 kg，有“虾中之王”之称。龙虾体大，肉厚结实，滋味鲜美，多用于高级宴席，整虾入馔以清蒸为主，也可取净肉入烹，宜熘、炒，还可以生吃。

龙虾以虾身弯曲自然、有弹性，肢爪完整，虾壳光亮、坚硬，虾肉坚实者为佳。龙虾产于夏秋两季，我国东海和南海均有出产，广东东西部海域是其主要产区。龙虾如图 5—42 所示。

2. 对虾

对虾又称大虾、明虾。对虾身弯如弓，头有枪刺，有钳，须长，腹前多爪，三叉尾。对虾是我国沿海特产之一，因它体形较大，故称大虾；此虾在海水里活动时，身体透明度高，故亦叫明虾。对虾肉色透明，肉爽滑，味鲜美，烹饪上使用方法较多，所制作成的菜肴品种花色繁多。整虾宜烧、焖，也可取肉入烹，宜熘、炒。

对虾以虾身弯曲自然、有弹性，钳肢完整，虾壳光亮、坚硬，虾肉坚实者为佳。对虾产于夏末至第二年春末，我国沿海各地均有出产，以烟台、青岛产量较大。对虾如图 5—43 所示。

图 5—42　龙虾

图 5—43　对虾

3. 青虾

青虾又称河虾。青虾两眼突出，壳薄而透明，头有枪、钳，须长，爪多，三叉尾，头胸部较粗大，往后渐细小，腹部后半部显得更为狭小，体色青蓝，有棕绿色斑纹，头胸甲前端中央向前突，形成发达的三角形的剑额。青虾肉质鲜爽，口味香甜，可口，烹饪上以白灼、蒜茸蒸、盐焗为好。

青虾主产于夏季，以端午节前后为佳，主产区为江苏太湖、河北白洋淀等地。青虾如图 5—44 所示。

4. 罗氏沼虾

罗氏沼虾又称大头虾，长有一对又长又粗的大螯足，雄虾的螯足更为长大。罗氏沼虾体色呈青蓝色，虾头又大又粗，有“淡水虾王”之称。其壳薄体肥，肉质鲜嫩，味道鲜美，营养丰富。除富有一般淡水虾类的风味之外，成熟的罗氏沼虾头胸甲内充满了生殖腺，具有近似于蟹黄的特殊鲜美之味。此虾个头大，肉质爽滑，味鲜美香滑，烹调上以白灼为佳，还可加工制成虾干、虾米等海味品。

罗氏沼虾以虾身弯曲自然、有弹性，足肢完整，虾壳光亮、坚硬，虾肉坚实者为佳。广东、广西、湖南、湖北、江苏、上海、浙江等省市有养殖。罗氏沼虾如图 5—45 所示。

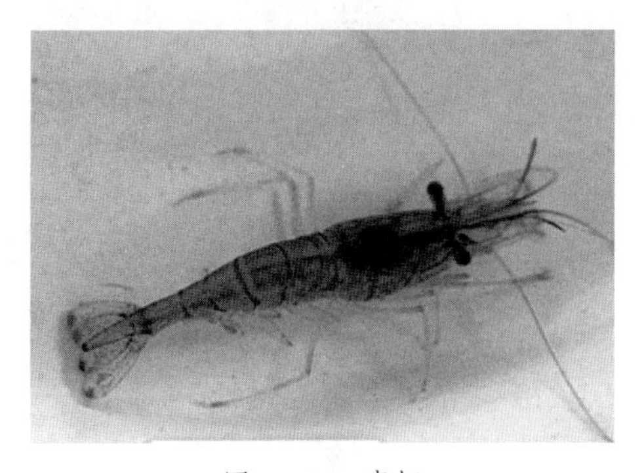

图 5—44　青虾

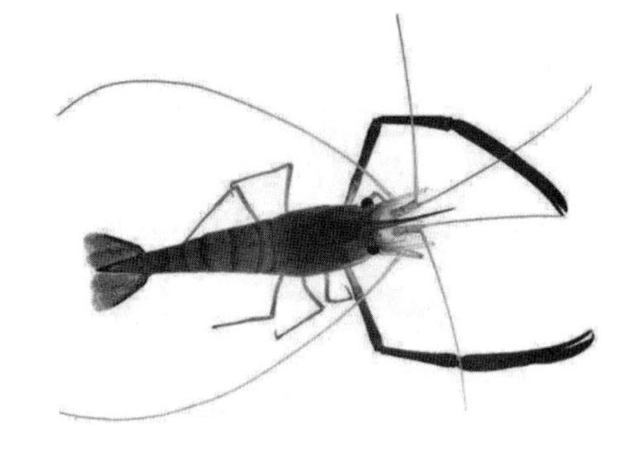

图 5—45　罗氏沼虾

5. 虾蛄

虾蛄又称濑尿虾、爬虾、虾耙子。虾蛄的身体扁平，一般体长 10 ~ 15 cm，头部长有五对颚足，第二对特别强大像螳螂的大刀状前肢有锯齿，是捕食和御敌的工具。身体背腹均披着一节节薄而坚韧的甲壳。虾蛄栖息于水深不超过 30 cm 的泥沙质海底珊瑚礁中，虽然游泳能力很强，但主要靠爬行生活，在它爬行的泥滩上，会留下尾扇耙地样的痕迹，它离开水时身上总有一股水流出来，形似撒尿。虾蛄肉味鲜美，风味独特，烹饪上各地的制法不一，以清蒸去壳取肉醮食为多，也有白灼、椒盐、盐腌生吃或取肉制胶等烹饪方法，虾蛄的壳硬，周边刺锋利，食用时要小心地自上而下剥盔去甲，免得壳肉难分造成浪费和刺痛口唇。

虾蛄以外观背部壳内有一条状卵块的雌虾为佳。虾蛄盛产于 4 月，产于我国沿海各地。虾蛄如图 5—46 所示。

6. 螯虾

螯虾又称小龙虾、蟹虾、克氏蝲蛄、大头虾。螯虾是一种大型淡水虾，体长 10 cm 左右，重 60 g 左右，体形粗壮，头胸部特别粗大，几乎占体长的一半。体表具有坚硬的外骨骼，头胸甲发达，螯肢特别强大。体表深红色或红黄色。此虾虽可食部分较少，但味鲜美。一般多带壳炒爆、蒸煮成菜，用螯虾制作的麻辣小龙虾深受大众喜爱。

螯虾以虾身弯曲自然、有弹性，足肢完整，虾壳光亮、坚硬，虾肉坚实者为佳。螯虾在江苏、安徽、浙江、北京、天津、湖北等地人工养殖或自行野生，常栖息于水草较为丰富的静水湖泊、沼泽、池塘和水流缓慢的河流和小溪中。螯虾如图 5—47 所示。

图 5—46 虾蛄

图 5—47 螯虾

7. 基围虾

基围虾是一种人工养殖的海虾。“基围”指人工挖掘的海滩塘堰，趁海水涨潮时将海水和海虾引入“基围”，养至一定时期，又趁退潮时放水并网在闸口捕虾，故而将此虾命名为基围虾。基围虾由于系人工饲养，饵料丰富，所以肥美细嫩，宜蒸、炸、煮、爆。

基围虾以虾身弯曲自然、有弹性，足肢完整，虾壳光亮、坚硬，虾肉坚实者为佳。基围虾四季均产，主要产于广东一带。基围虾如图 5—48 所示。

图 5—48 基围虾

二、蟹类

蟹是十足目短尾次目的通称，种类很多。我国蟹的资源十分丰富，食用最多为海蟹，也有产于淡水湖泊的蟹，如长江下游的阳澄湖大闸蟹、太湖大闸蟹就是蟹中上品。蟹的螯肢、其他附肢、头胸部中连接的螯肢内肌肉发达。蟹肉含有丰富的蛋白质、微量元素等营养物质，肉质细嫩，味道极其鲜美。蟹黄中含有丰富的蛋白质、磷脂和其他营养物质，营养丰富，但同时也有较高含量的油脂和胆固醇。

1. 梭子蟹

梭子蟹又称三疣梭子蟹、海蟹、枪蟹。蟹壳厚、扁平，体呈青灰色，头部有一对大螯足，另有四对小足，头胸表面有3个高低不平的瘤状物，身为梭状，故名三疣梭子蟹。雌蟹圆脐，壳青色，有黄脂；雄蟹尖脐，壳色蓝白色，味鲜甜。梭子蟹肉色洁白而鲜嫩，味特别鲜美，整只入馔宜清蒸、酥炸、烘焖，也可取净肉入烹，醋熘、炒为佳。

梭子蟹以个体肥大、体重、肢体完整、肌肉坚实者为佳，自然死亡的蟹不宜食用。梭子蟹4月最肥美，我国沿海均产，以黄海、渤海湾最多。梭子蟹如图5—49所示。

2. 青蟹

青蟹又称锯缘青蟹、膏蟹、肉蟹。青蟹背腹均盖有甲壳，背部隆起，光滑，背甲呈青绿色或褐红色，前缘有额齿6个，左右缘有侧齿9个，蟹足不对称。雌蟹腹部扁平，腹脐呈宽圆形；雄蟹腹脐部呈三角形。青蟹肉鲜美，蟹膏鲜香滑，烹饪上以清蒸、油焗、姜葱炒等制法为佳。

青蟹以个体肥大、体重、肢体完整、肌肉坚实者为佳，自然死亡的蟹不宜食用。青蟹最肥美的时期在每年农历正月、五月、九月，产于我国沿海各地。青蟹如图5—50所示。

图5—49　梭子蟹

图5—50　青蟹

3. 中华绒螯蟹

中华绒螯蟹又名大闸蟹，为淡水蟹。中华绒螯蟹的螯足密出绒毛，头胸甲背面隆起，头胸部背面呈墨绿色，腹部为灰白色，额宽，具有四个额齿，均较尖锐，居中一缺刻最深，四对步足长节近末端均具一刺，腕节背面均具刚毛，第四步足前节与指节的背、腹缘皆具刚毛。腹部扁平，俗称蟹脐，雌蟹呈圆形，称为“团脐”，雄蟹呈三角形，称为“尖脐”。此蟹肉厚味鲜美，是蟹中上品，烹饪上以清蒸为佳，也可炒、烘、焖。

中华绒螯蟹以个体肥大、体重、肢体完整、肌肉坚实者为佳，雌蟹优于雄蟹，自然死亡的蟹不宜食用。中秋节前后为其盛产期，以江苏阳澄湖出产的为佳。中华绒螯蟹如图5—51所示。

4. 溪蟹

溪蟹又称石蟹。其体形近乎方形，宽约4 cm，前缘宽。雄蟹螯足大，左右两对显然不同；雌蟹的螯足小。溪蟹宜煮、炸。

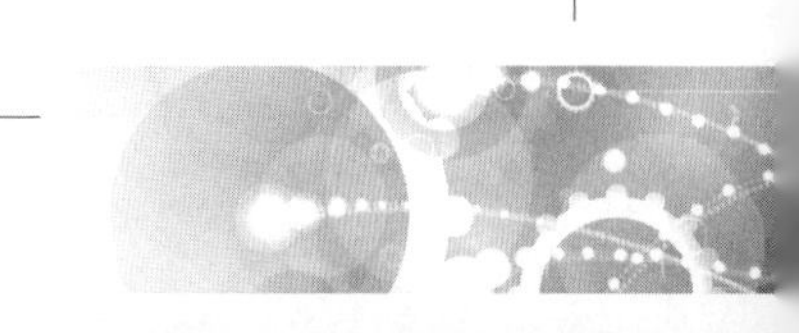

溪蟹以个体肥大、体重、肢体完整、肌肉坚实者为佳。溪蟹盛产于夏季，主要产于长江、珠江流域及西南地区，栖于溪流旁或溪中石下。溪蟹如图 5—52 所示。

图 5—51 中华绒螯蟹

图 5—52 溪蟹

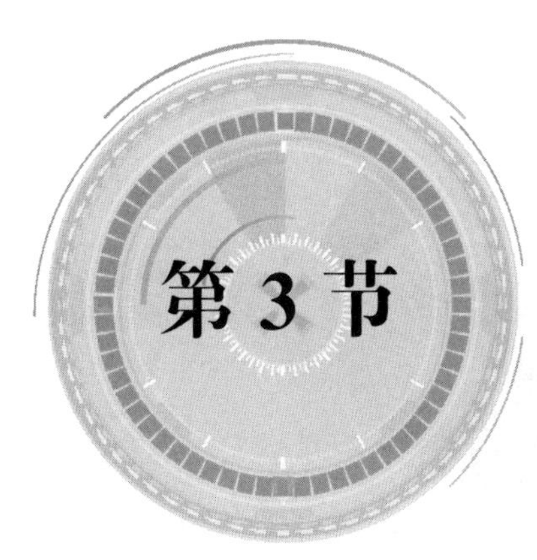

其他水产品原料

其他水产品原料主要是贝类和藻类。

一、贝类

贝类又称软体动物，分为头足类、腹足类和瓣鳃类 3 类。贝类身体不分节，由头、斧足、内脏囊、外套膜和贝壳 5 部分组成。绝大多数贝类有 1 个或多个的贝壳，如瓣鳃类有 2 个呈瓣状的贝壳，腹足类一般是单一螺旋形，头足类的贝壳有的为外壳，有的被外套膜包入形成内壳或退化。

贝类的主要食用部位，瓣鳃类和头足类为外套膜，腹足类的外套膜组织很薄，而足部却较发达，呈肉质块，是其主要食用部分。

1. 头足类

（1）乌贼。乌贼又名墨鱼、花枝。乌贼身体分为头部、足部和内脏三部分，头上有触须 8 根，有两条较长的触手；眼呈长圆形，灰白色；体内有灰状粉骨一块；头的下面有一个很特殊的器官叫漏斗；身上有一个墨囊，内有浓厚的黑色墨汁，经漏斗喷射出来。乌贼有雌雄之分，雄性的背部宽而带花点，雌性的裙边小，背上发黑，以雌的质量为好。鲜品入馔宜爆、炒、凉拌。干制品可直接入烹，宜煨、炖，也可碱发后入馔，宜烧、烩、爆、炒，还可用于汤菜。

乌贼鲜品以新鲜、体完整、无伤痕、无污染者为佳。干品乌贼称墨鱼干，品质以体形均匀、平整干爽、肉厚实、有香味者为佳。乌贼每年春季大量上市，以清明节前后为佳，产于沿海各地，分布广泛，我国以舟山群岛出产较多。乌贼如图 5—53 所示。

（2）枪乌贼。枪乌贼又名鱿鱼。枪乌贼类似乌贼，但头和躯干都很狭长，尤其是躯干部，末端很尖，类似标枪的头，须长，体内没有墨囊和粉骨，只有一片透明软骨，体色紫红。枪乌贼体大肉嫩，味鲜美，肉比乌贼稍薄，质量比乌贼要好。枪乌贼在烹饪上使用广泛，以炒爆为佳，近年亦有白灼、清蒸、醋熘。枪乌贼也是剞花刀的较好原料。

枪乌贼鲜品以色白、肉厚、脆嫩爽口者为佳。干制品称鱿鱼干，形状长条或椭圆形，品质以色白发亮、体质平薄、只形均匀、肉质透微红、干爽而具香味者为佳。枪乌贼在我国沿海均有出产，主要产地在福建、广东海域。枪乌贼如图 5—54 所示。

（3）章鱼。章鱼又名八爪鱼。章鱼有 8 个腕足，腕足上布满吸盘，身体圆，体内含有色素细胞，能随周围环境不断变换体色，会喷墨。章鱼肉鲜爽、味美，烹调上以炒为佳。

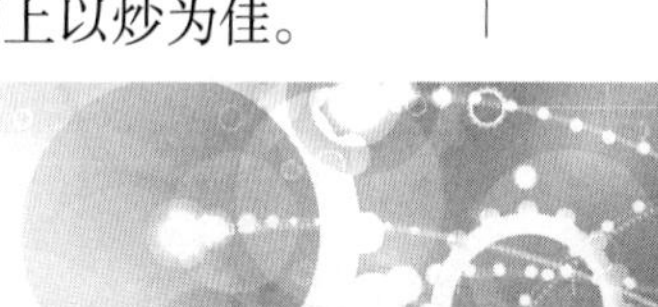

图 5—53 乌贼

图 5—54 枪乌贼

章鱼以体形完整、色泽鲜明、肥大、爪粗壮、体色柿红带粉白、有香味、足够干且淡口的为上品。章鱼的肥美期在夏秋之季，我国东南沿海均有出产。章鱼如图 5—55 所示。

图 5—55 章鱼

2. 腹足类

（1）海螺。海螺又名红螺。海螺的贝壳边缘轮廓略呈四方形，大而坚厚，壳高 10 cm 左右，螺层有 5 ~ 6 级，壳内为橙红色，有珍珠光泽。海螺肉质鲜爽，但腥味稍大，食味一般，烹饪上以炒、爆为佳。

海螺以足块肥、肌肉坚实、无破损、无污染者为佳。海螺在夏季最为肥美，我国北部沿海为其主产区。海螺如图 5—56 所示。

（2）鲍鱼。鲍鱼古称鳆鱼，是一种单壳类、腹头纲的海生软体动物。鲍鱼贝壳坚厚呈耳形，螺旋部小，体螺层极大，壳表绿褐色，生长纹与放射肋交错，使壳面呈细密布纹状，贝壳内面银白色，有珍珠光泽，壳口大，内唇向内形成片状遮缘。鲍鱼足部非常发达，上部生有许多触手（即感觉器官），下部展开呈椭圆形，是食用部位。供食用的品种有杂色鲍、盘大鲍、耳鲍和半纹鲍等。鲍鱼味极鲜美，营养丰富，可鲜食，宜清蒸、炖汤、蒜茸蒸、炒片等。鲍鱼还可制罐头，可制成干鲍鱼。

鲍鱼以足块肥、肌肉坚实、无破损、无污染者为佳。鲍鱼在每年的夏秋季节盛产，我国大连、长山群岛、南海诸岛均有出产，以广东产最出名。鲍鱼如图 5—57 所示。

图 5—56 海螺

图 5—57 鲍鱼

（3）田螺。田螺又名螺蛳。贝壳呈圆锥形，表面光滑或具纵走的细螺肋。田螺肉营养丰富，含蛋白质、脂肪、矿物质等多种成分，其中以钙、磷的含量较高。田螺贝壳大，高6 cm，螺旋部较短，体螺层膨胀，壳口边缘呈黑色。田螺多连壳烹调，宜炒、煮，成菜质地脆嫩，味鲜。烹饪前应把田螺放在清水中活养几天，让其排泄尽体内污物、寄生虫及泥味。

田螺以鲜活、大小均匀者为佳。夏秋两季的田螺最肥美，产于我国华北、长江流域。田螺如图5—58所示。

（4）泥螺。泥螺又称吐铁、麦螺。贝壳呈卵圆形，薄而脆，无螺塔和脐，壳口大，表面光滑。泥螺软体部肥大，呈长方形，不能完全缩入壳内，头盘肥大，呈拖鞋状。腹足两侧边缘掩盖贝壳的一部分，软体部为黄色，皮肤稍透明。泥螺多为带壳清炒或盐腌食用。

泥螺以鲜活、大小均匀者为佳。泥螺夏秋两季盛产，我国沿海均产，以江苏所产质量最佳。泥螺如图5—59所示。

图5—58 田螺

图5—59 泥螺

（5）东风螺。东风螺又名花螺、海猪螺。东风螺的壳呈长卵形，壳质稍薄，尚坚硬，壳表光滑，生长纹细密。壳面被淡褐色壳皮，壳皮下面为白色，具长方形紫褐或红褐色斑块。壳口半圆形，内面白色，并映出壳表的色彩。外唇薄、弧形，内唇光滑，紧贴于壳轴上。脐孔半月形，大而深，绷带扁平，紧绕脐缘，上覆鳞状生长纹、棕色，角质核位于前端内侧。东风螺肉质鲜嫩、爽口，烹饪上以白灼、盐焗为佳。

东风螺产于广东沿海，以粤西海区为主要产区，栖息于数米至数十米水深的沙泥质海底。东风螺如图5—60所示。

（6）蜗牛。蜗牛壳旋状，壳薄，壳色黑色，有两对触角。蜗牛是一种饲养简便、繁殖力强、经济价值较高的原料，生活在陆地上，喜阴暗、潮湿环境，昼伏夜出，以地衣、藻类、苔藓等绿色植物为食。蜗牛味美，肉鲜嫩，烹饪上以炒、爆为好。蜗牛如图5—61所示。

3. 瓣鳃类

（1）牡蛎。牡蛎又称蚝、海带子、蛎等。牡蛎是一种海产双壳软体动物，壳大而坚厚，多呈长圆形或长卵形，左壳略扁平，表面环生平直的薄鳞片。由于种类不同，壳面有灰色、青色、紫色或棕色、褐色。牡蛎肉味鲜美，生食、熟食均可，也可干制或做罐头，还可加工成蚝豉、蚝油，宜用炒、炸、烩或制汤等烹调方法。

牡蛎以贝肉柔软、鼓胀、有光泽，开合肌略呈透明而有力，刺出的贝肉多皱褶；外观上

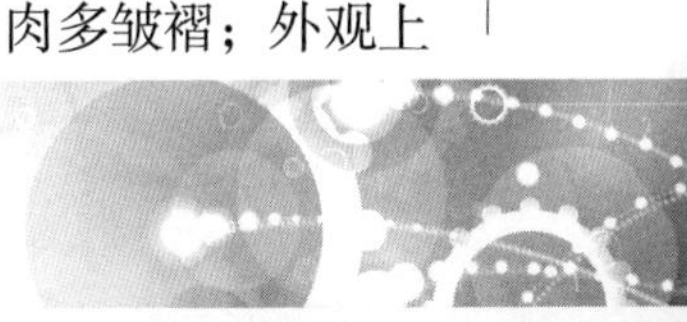

以蚝壳大而深、相对较重者为佳。牡蛎产于夏季，广东、广西、福建、山东等省产量较大。牡蛎如图 5—62 所示。

图 5—60　东风螺

图 5—61　蜗牛

（2）扇贝。扇贝又名海扇。贝壳呈扇形，薄而轻，两壳大小几乎相等，左壳凸，右壳稍平，贝壳由壳顶向前后伸出前耳和后耳，前耳形状不同，后耳相同。壳表面颜色变化较大，由紫褐色至橙红色，左壳色深，右壳色浅。两壳放射肋强大，左壳有主肋约 10 条，右壳主肋约 20 条，主肋间有数条小放射肋。扇贝雌雄异体，卵巢为鲜明的橘黄色，精巢为乳白色。闭壳肌大，外套膜边缘厚，有触手。扇贝肉质嫩，味美，闭壳肌发达。鲜扇贝肉适于氽、爆、炒、蒸、炸等烹调方法。闭壳肌经干制后称为干贝。

扇贝以鲜活、大小均匀者为佳。扇贝产于春夏两季，我国北部沿海为其产区，现多为养殖。扇贝如图 5—63 所示。

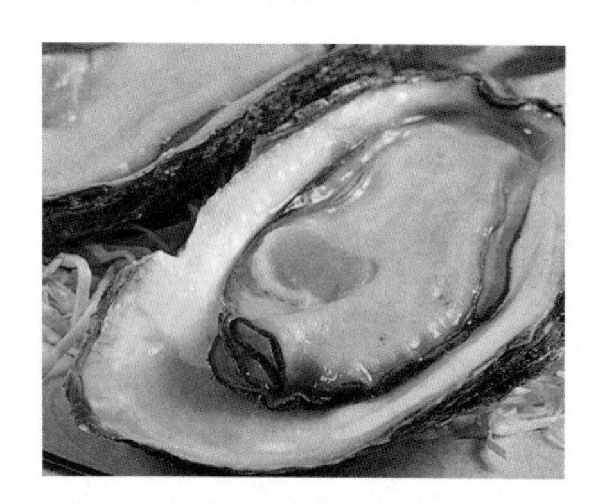

图 5—62　牡蛎

图 5—63　扇贝

（3）贻贝。北方俗称海红，南方称壳菜，广东称青口螺。贻贝壳薄，呈长楔形，前端尖细而后端较宽，壳表为翠绿色，尤以边缘为鲜艳，壳内面为白色，并带有珍珠光泽，边缘除壳背韧带部分镶有均匀狭窄的鲜艳翠绿色。其干制品称为淡菜。鲜品适于炒、爆、烧、炖、煮、烩等烹调方法，也可氽汤。

贻贝以鲜活、大小均匀者为佳。贻贝产于春秋两季，我国沿海均有分布，主产于渤海和黄海。贻贝如图 5—64 所示。

（4）蛏子。蛏子亦称竹蛏。竹蛏有左右相等的两个贝壳，两壳很薄、很脆，贝壳形状近乎长方形，表面常生长一层浅绿色的薄皮。两个贝壳是用背面的韧带和前后两块闭壳肌连在一起的。蛏子肉丰满，味异常鲜美，烹饪上以炒、爆、蒜茸蒸为佳。烹调前先用水洗净，放入清水中活养几天，让其吐净泥沙，用沸水焯一下，剥去外壳，取出竹蛏肉即可使用。

蛏子以鲜活、大小均匀、无污染者为佳。蛏子夏季较肥，广泛分布于我国沿海。蛏子如图 5—65 所示。

图 5—64 贻贝

图 5—65 蛏子

（5）文蛤。文蛤壳呈三角卵圆形，两壳大小相等，壳顶突出，位于背面偏前方，整个壳为斧状，壳表光滑，被一层黄褐色壳皮，并具有很多棕色横色带，小月面狭长，呈矛头形，盾面长卵圆形。文蛤没有明显的头部，口部周围有发达的唇瓣。足位于腹面，呈斧刃状。文蛤雌雄异体，性腺成熟时呈黄色。文蛤肉味鲜美，宜蒸、炒、汆汤。

文蛤以鲜活、大小均匀、无污染者为佳。文蛤全年出产，以清明节前后为旺季，我国沿海均有分布。文蛤如图 5—66 所示。

（6）江珧贝。江珧贝又名江珧、带子螺。江珧贝壳大，呈扇形或三角形，壳顶尖细，背缘直或略凹，腹缘前半部略直，后半部突出，韧带发达，壳表褐色并有浅蓝色光泽，壳内面具珍珠光泽。江珧的闭壳肌也称鲜带子，形似棋子，色灰白或淡黄，由两条肉带相连。江珧肉爽滑，味鲜嫩，但略有腥味，烹饪上以豉汁蒸为最佳，也可切片炒。

江珧贝以鲜活、大小均匀者为佳。江珧贝产于春夏两季，我国沿海均有分布。江珧贝如图 5—67 所示。

图 5—66 文蛤

图 5—67 江珧贝

（7）西施舌。西施舌亦称贵妃蚌、花甲螺。其壳略呈三角形，较薄，壳顶凸起，壳缘圆。壳面生长纹呈同心环纹，细密而明显。壳表具有黄褐色发亮外皮，顶部为淡色；壳内面

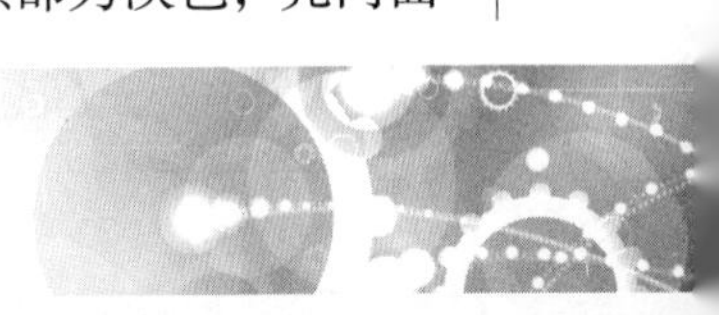

为淡紫色。足块大如舌，故名西施舌。西施舌宜蒸、炒、氽汤，尤其氽汤，味道清甜鲜美。

西施舌以鲜活、大小均匀、无污染者为佳。西施舌产于夏季，我国沿海均有分布，以福建为盛。西施舌如图 5—68 所示。

（8）蛤蜊。蛤蜊也称蛤仔。其贝壳厚，略呈四角形，壳顶突出。贝壳有壳皮，幼小个体多呈淡紫色，近腹缘为黄褐色，腹面边缘常有一条很窄的缘膜，生长线明显粗大，形成凹凸不平的同心环纹。蛤蜊肉嫩味鲜，适于氽、爆、蒸、炒、烧、炖等方法。

蛤蜊以鲜活、大小均匀、无污染者为佳。蛤蜊产于秋季，我国沿海均产。蛤蜊如图 5—69 所示。

图 5—68　西施舌

图 5—69　蛤蜊

（9）河蚌。河蚌又名蚌、河蛤蜊等。河蚌壳稍膨胀，近卵圆形，不具有咬合齿。壳表面黄褐色，有微细的环形轮脉。斧足发达，黄白色。河蚌肉质细嫩，肉色淡黄，味道鲜美，宜氽汤、烧、炖、煮、烩。

河蚌以鲜活、大小均匀、无污染者为佳，夏季盛产，我国的河流、湖泊、池塘中均有分布。河蚌如图 5—70 所示。

（10）蚶。蚶的贝壳很厚，很坚固，左右两个贝壳很结实，有毛蚶和泥蚶两种。毛蚶右壳稍小，不易剥开，长卵圆形，壳面放射肋较多，约有 35 条，壳表面为白色，有绒毛状的褐色表皮。泥蚶贝壳两枚，大小相等，卵圆形，顶部突出，壳面放射肋发达，壳表面白色，有褐色薄皮。蚶肉质鲜嫩，烹调上以炒、氽汤为佳。由于近年沿海水域污染严重，因此食用时必须彻底加热。蚶如图 5—71 所示。

图 5—70　河蚌

图 5—71　蚶

二、海藻类

1. 紫菜

紫菜又称紫英、子菜、膜菜等，为红毛菜科叶状藻体植物。紫菜外形简单，由盘状固着器、柄和叶片 3 部分组成。叶片是由 1 层细胞（少数种类由 2 层或 3 层）构成的单一或具分叉的膜状体，其体长因种类不同而异，自数厘米至数米不等。紫菜含有叶绿素和胡萝卜素、叶黄素、藻红蛋白、藻蓝蛋白等色素，因其含量比例的差异，致使不同种类的紫菜呈现紫红、蓝绿、棕红、棕绿等颜色，但以紫色居多，紫菜因此而得名。紫菜最适宜做汤，也可做包卷类菜式，在日本使用最广泛，寿司、手卷等外面都可包紫菜。

紫菜以表面有光泽、紫色或紫褐色、片薄而均匀、质嫩体轻、有紫菜特殊香气、无泥沙杂质者为佳。紫菜一年四季均产，主产于山东、福建、浙江、广东等沿海地区。紫菜如图 5—72 所示。

2. 海带

海带又称江白菜，为海带科植物，藻体由固着器、柄和叶片 3 部分组成，叶子扁平呈带状，一般长 2 ～ 4 m，最长可达 7 m，深绿色或褐色。含有丰富的甘露醇、褐藻酸、碘等营养成分，能防止甲状腺肿大，降低胆固醇，降血压，降血糖等。海带适宜炒、烧、拌、炖、煮、烩等多种烹调方法。

海带以体大，尖端及边缘无白烂、黄化及其他附着物者为好。海带一般在夏季收割，分布于我国北部及东南沿海。海带如图 5—73 所示。

图 5—72　紫菜

图 5—73　海带

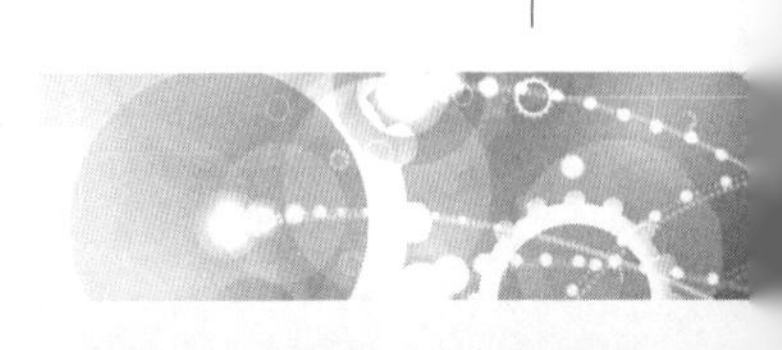

第6章

干货类原料

干货类原料又称干制品，是将鲜活动、植物原料经脱水干制后加工而成的制品，包括植物性干制品和动物性干制品。

通过脱水干制后的食品原料不易变质，质量减小，大大方便了运输和储存。对季节性较强的原料，可以调节供应。有的原料经过干制后，还能增加特殊风味，有益于增加菜肴品种。

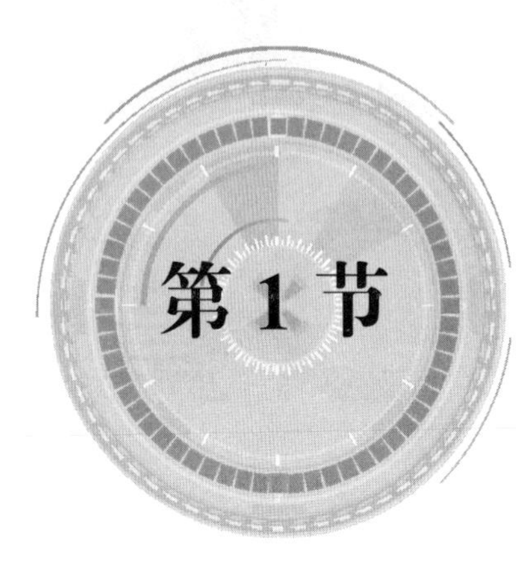

第1节 植物类干货原料

一、干菜类

1. 蕨菜干

蕨菜干又称拳头菜、蕨儿菜、龙头菜，是鲜蕨菜嫩叶柄的干制品。色泽为淡白绿色，清爽干燥，无杂质、无老茎。成品清香爽口，软嫩，为山珍之一。烹调中宜与动物性原料一起炒制，多放油脂。

蕨菜干产于秋季，广泛分布于热带、亚热带、温带地区的山坡阴地。蕨菜干如图6—1所示。

2. 玉兰片

玉兰片是以鲜嫩的冬笋或春笋为原料，经加工干制而成的制品。玉兰片的品种按采收时间的不同，分为玉兰宝、冬片、桃片和春片等。玉兰片经水发后，能恢复脆嫩的特色，其食法与鲜笋相似。

玉兰片的品质以色泽玉白、无霉点黑斑、片小肉厚、节密、质地坚脆鲜嫩、无杂质者为佳。玉兰片主要产于湖南、江西、广西、贵州、福建等省。玉兰片如图6—2所示。

图6—1 蕨菜干

3. 笋干

笋干由各种斑竹、水竹及各种杂竹的嫩茎经加工干制而成，品种极多，色泽各异，富含营养，质地脆嫩。笋干适合以多种烹调方法制菜，如烧、炒、烩、制馅或做配料等，可荤可素。

笋干以身干质嫩、色泽鲜明有光泽、节密肉厚、无焦黑碎断者为佳。春季为笋干加工旺季。笋干主产于福建、江西、湖南、浙江、四川、云南、贵州。笋干如图 6—3 所示。

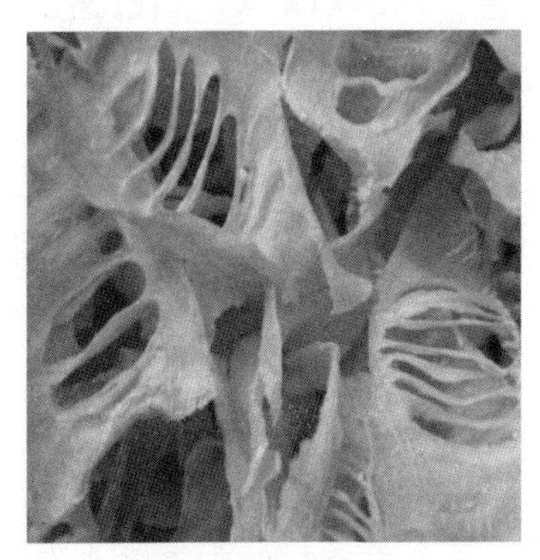

图 6—2　玉兰片

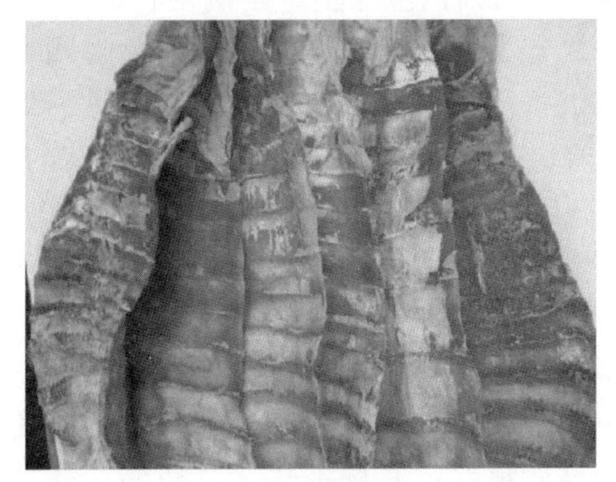

图 6—3　笋干

4. 黄花菜

黄花菜又称黄花、金针菜，以鲜黄花干制而成，与木耳、香菇、冬笋并称“四大素山珍”。黄花菜色泽淡黄绿色，香气浓郁，富含多种营养素。黄花菜选择花蕾饱满、颜色黄绿、花苞上纵沟明显，但尚未开放时采摘、干制。黄花菜适宜炒、烧、烩、煮汤，还可做面食馅心和臊子原料。

干品黄花菜要求色黄、油润有光泽、条长且粗壮伸展、花蕾未开、香气浓郁。黄花菜产于秋季，在我国分布较广，湖南、山西、河南产较著名。黄花菜如图 6—4 所示。

5. 霉干菜

霉干菜又叫咸干菜，由鲜雪里蕻腌制后干制而成。霉干菜在烹调前，应用冷水洗净，随后便可进行加工，适于蒸、炒、烧等，还可做汤菜及馅心。

霉干菜以色泽黄亮、咸淡适度、质嫩味鲜、香气正常、身干、无杂质、无硬梗者为佳。霉干菜主要产于浙江的绍兴、慈溪、余姚等地。霉干菜如图 6—5 所示。

图 6—4　黄花菜

图 6—5　霉干菜

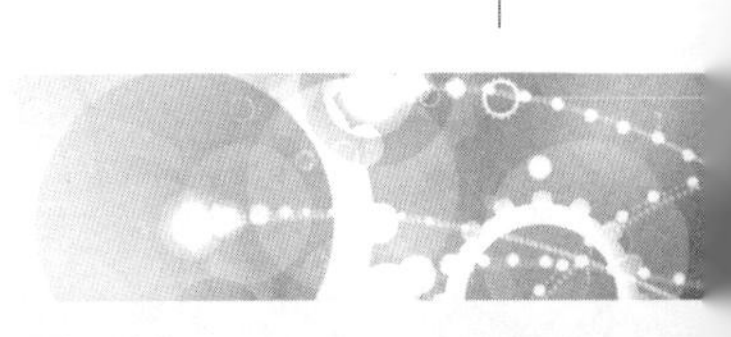

二、食用菌类干货原料

1. 口蘑

口蘑又称白蘑。口蘑子实体菌盖初成半球形，后平展，边缘稍内卷，直径 6 ~ 12 cm，初白色，后变赭色或淡黄色，干燥后表面呈脑面回纹状。菌肉白色，厚而致密，易破裂。菌褶稠密，与菌柄呈弯生。菌柄粗壮，长 3.5 ~ 6 cm，白色，基部稍膨大。口蘑通常为干制品，大致分为白蘑、青蘑、黑蘑和杂蘑四大类，其中以白蘑最名贵。口蘑以其伞状肉质的子实体供食用。口蘑入馔，适于炸、炒、熘、烩、扒、烧、焖、蒸、炖等烹法，也可做汤或做馅心，是多种原料的配料，有增鲜味的作用。

口蘑以个体均匀、肉质厚、菌伞直径 3 cm 左右、菌伞边缘完整紧卷、菌柄短壮者为佳。口蘑主要产于内蒙古和河北。口蘑如图 6—6 所示。

2. 香菇

香菇又名冬菇，属担子菌纲伞菌科香菇属食用菌。干香菇黑褐色或黄褐色，菌褶乳白，菌柄短，食用香气浓郁，质地鲜嫩。按品质可分为花菇、厚菇、薄菇、菇丁等。平常食用以花菇品质最好；厚菇香味浓，质嫩；薄菇菌褶较粗疏，肉质较老；菇丁形态不好看，但嫩滑清香，风味较好。香菇适于卤、拌、炝、炒、炖、烧、炸、煎等多种烹调方法，还可做馅心。

香菇以大小均匀、干燥、香味浓、菇肉厚、外表有花纹和白霜者为好。香菇多产于 2—3 月，主要产地为福建、江西、安徽、广西、贵州等省。香菇如图 6—7 所示。

图 6—6 口蘑

图 6—7 香菇

3. 木耳

木耳又称黑木耳、黑菜、云耳、川耳等，为木耳科木耳属，寄生在树木上的一种菌类，现多为人工栽培。木耳呈耳形、浅圆盘形或不规则形，片状，褐色，胶质，半透明。黑木耳广泛应用于菜肴的制作，适于炒、烧、烩、炖、炝等烹法，可做多种原料的配料，也可做汤或做菜肴的配色、装饰料。

木耳以颜色乌黑光润、片大均匀、体轻干燥、半透明、无杂质、涨性好、有清香味者为佳。木耳春季、夏季、秋季均产，全国各地都有出产，以四川和贵州产的最为有名。木耳如图 6—8 所示。

4. 银耳

银耳又称白木耳。其子实体乳白色，胶质，柔韧有弹性，由多数丛生瓣片组成花形。银耳鲜时柔软，半透明，干燥后呈米黄色。银耳多生于温带和亚热带地区。银耳入馔，多用于汤、羹菜的制作，也可用于炒、烩等，制甜菜较多，还可与大米同煮成粥。

银耳以色泽黄白、朵大肉厚、气味清香、底板小、涨发率高、胶质重者为佳。银耳4—9月采收，5—8月为盛产期，主要产于西南和华东等地区。银耳如图6—9所示。

图6—8 木耳

图6—9 银耳

5. 竹荪

竹荪又称竹参、竹菌，其子实体高12 ~ 26 cm，顶部有钟状菌盖，菌盖下有白色网状菌幕，下垂如裙状。菌柄雪白色，中空呈海绵柱状。竹荪有长裙竹荪和短裙竹荪两种。竹荪多以干制品应市，干制前应去掉菌盖部分。竹荪做菜，适于烧、炒、扒、焖、烩或做汤等，成菜不仅鲜香，而且不易变质。

竹荪以身干体厚、色泽鲜明、形完整、质柔软、气味芳香、洁白亮净、有浓郁香味者为上品。竹荪的采收期为夏季，主产于西南地区，浙江、广东、广西也有出产。竹荪如图6—10所示。

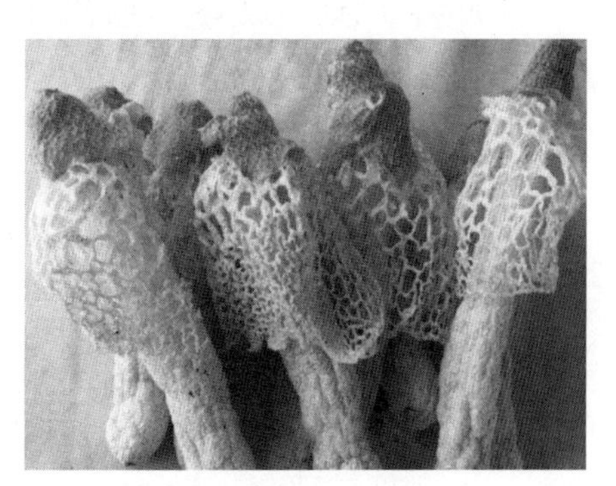

图6—10 竹荪

6. 猴头菇

猴头菇又称猴头菌、猴头蘑、刺猬菌等，为齿菌科猴头菌属，原是一种生长在密林中的珍贵食用菌。其子实体圆而厚，常悬于树干上，布满针状菌刺，形状极似猴子的头，故而得名。其子实体呈扁半球形或头状，有无数肉质软刺生长在狭窄或较短的柄部，初时白色，后期浅黄至褐色，质嫩滑，味鲜美可口，品质上乘。猴头菇适合多种烹调方法成菜，如烧、炒、烩等，可荤可素。

猴头菇以形完整、色金黄、身干、茸毛全者为上品。猴头菇盛产于夏秋两季，主要产地为东北地区，以黑龙江小兴安岭和完达山出产最多。猴头菇如图6—11所示。

7. 羊肚菌

羊肚菌又称羊肚子、羊肚菜，属马鞍菌科羊肚菌属的食用真菌。其子实体有明显的菌柄和菌盖，菌盖膨大呈圆球形，下端与柄相连，表面有明显的网状棱纹，凹陷部分近圆形或多角形，呈不规则蜂窝状。菌柄白色，中空。羊肚菌适于炒、烧、炖、烩、扒等烹调方法，成菜味道鲜美。

羊肚菌以子实体完整、鲜嫩、无杂质、无异味者为佳。羊肚菌产于夏秋两季，主要产于云南、山西、青海、四川、甘肃、新疆等地。羊肚菌如图 6—12 所示。

图 6—11 猴头菇

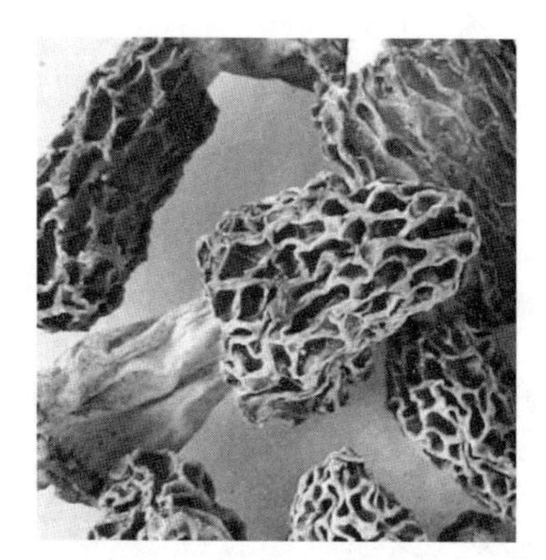
图 6—12 羊肚菌

8. 牛肝菌

牛肝菌是牛肝菌科、松塔牛肝菌科等真菌的统称。可食牛肝菌主要有白、黄、黑三种。其菌盖呈扁半球形，光滑，不粘，菌体较大，肉肥厚，菌柄粗壮，近圆柱形，基部膨大。牛肝菌可采用多种烹调方法制菜，如烧、炒、烩等，可荤可素。

牛肝菌以个儿大肥厚、色泽鲜艳者为佳。牛肝菌主产于夏季，主要产地为云南，四川、贵州也产。牛肝菌如图 6—13 所示。

9. 松露

松露是蕈类的总称。其子实体呈块状，小者如核桃，大者如拳头。幼时内部白色，质地均匀，成熟后变成深黑色，具有色泽较浅的大脑状纹理。多生长在栎树下深达 30 cm 的钙质土壤中，腐生性。松露因无法人工培育，产量稀少，非常名贵。松露可采用多种烹调方法制菜，如烧、炒、烩等，可荤可素。

松露以个儿大肥厚、色泽鲜艳者为佳。松露产于春季，主要分布在中国西南地区及喜马拉雅山脉的东南地区。松露如图 6—14 所示。

图 6—13 牛肝菌

图 6—14 松露

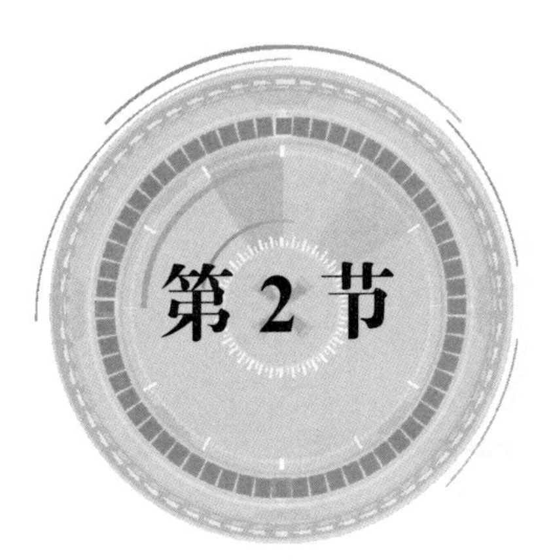

第 2 节 动物类干货原料

一、陆生动物类

陆生动物类干货原料是指有选择地将陆生动物或其某一部位组织，经过脱水干制而成的原料。

1. 干肉皮

肉皮被覆于躯体的表面，是畜体的保护组织，猪皮使用较多。猪皮晾干后为肉色，含有大量胶原纤维，口感韧，极富胶质，涨发性好。干肉皮宜制皮冻、清冻和各种花色冻，用水泡软后可用于烩、炖、扒、熘等烹调方法，还可用于火锅；猪皮还可加工成皮丝进行烹制。

干肉皮以外表洁净无毛、色泽黄亮、无残余肥膘、皮质坚厚紧实、毛孔细小、张大皮整、干燥、无哈喇味者为好，尤以猪背皮或臀皮为优。干肉皮一年四季、全国各地均产。干肉皮如图 6—15 所示。

2. 蹄筋

蹄筋由有蹄动物蹄部的肌腱及关节韧带经整形阴干制成，分为前蹄筋和后蹄筋。后蹄筋长而粗圆，肥大，水发后质软糯；前蹄筋细短有分支，质硬，涨发率低，乳白或乳黄色。后蹄筋质量优于前蹄筋。蹄筋分鲜品和干制品，烹饪中应用较多的是干制品，烹制前必须经过涨发，常用的方法有油发、盐发和蒸发等。蹄筋的烹制适用于炖、煨、氽、扒、爆、拌、烧、烩等多种烹调方法，如红油蹄筋、扒发菜蹄筋等。其成品柔糯而不腻，上口润滑、滋味腴鲜。

蹄筋以色正、干燥、无残余的肥膘和残肉、无异味霉变者为优。蹄筋一年四季、全国各地均产。蹄筋如图 6—16 所示。

3. 燕窝

燕窝是雨燕科金丝燕用吐出的唾液在岩石峭壁上筑成的窝巢，以唾液细丝供食用。根据颜色和品质不同，燕窝可分为白燕、毛燕和血燕。白燕也称官燕，为金丝燕孵卵前的第一次巢，色白，质厚，毛少，质量最佳。毛燕为金丝燕脱毛期筑的第二次巢，因多带燕毛而得名，色灰黑，绒毛及杂质较多，质量最次。血燕为金丝燕急于孵卵时筑的第三次巢，俗称龙芽燕菜，色红，质薄，毛及杂物较多，质量次于白燕。燕窝一般用来制作羹汤类菜式，咸、甜均可，偶有烩、拌成菜。

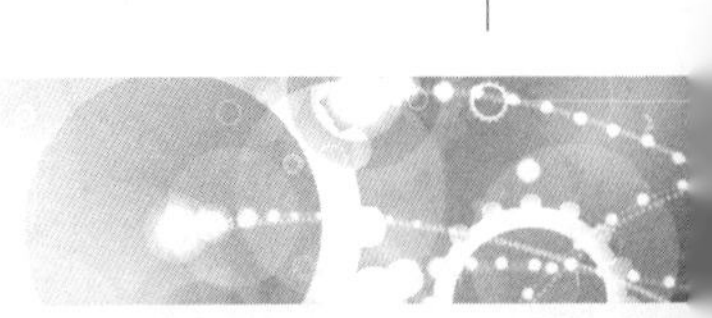

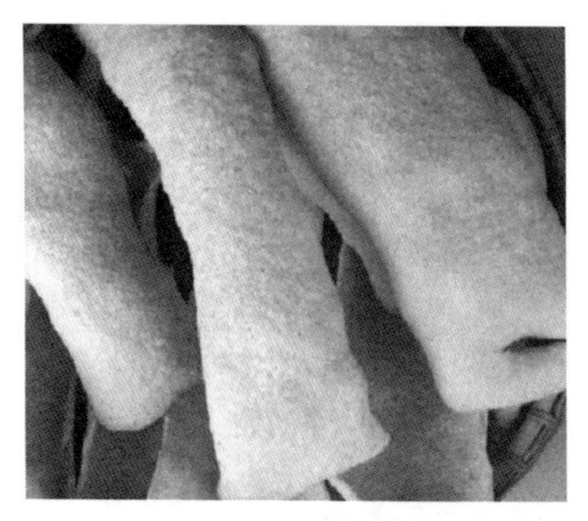

图 6—15　干肉皮

图 6—16　蹄筋

燕窝以外形规则、完整，干燥，体大而厚，洁白透明或半透明，毛少或无毛，微有清香味者为佳。若色泽灰暗，含羽毛、藻类、血丝则质次。燕窝产于春秋两季，我国南海诸岛为其产区。燕窝如图 6—17 所示。

4. 蛤士蟆油

蛤士蟆油又称雪蛤膏，是雌性中国林蛙的输卵管，为不规则的块状，长 1 ~ 2 cm，宽 1 cm，厚 0.5 cm 左右。鲜品白色，干制品黄白色，有脂肪样光泽，偶尔有灰色或白色薄膜状外皮，手感滑腻。蛤士蟆油养阴、性平、味甘腥，主治虚劳咳嗽等，是一种滋补品。干蛤士蟆油用前须涨发，涨发后体积增大 1 ~ 15 倍，形如棉花瓣，有腥气，味微甘。烹制时宜用汆、煨、烩、蒸、炖等方法，火力不宜太强，调味多取甜味，做甜羹菜，如冰糖蛤士蟆油。若制咸味菜品，须借助上汤或鲜汤增味。

蛤士蟆油以块大、肥厚、不带血和膜及杂质者为佳。林蛙通常在白露节气前后捕捉，以黑龙江、吉林、辽宁产为正宗。蛤士蟆油如图 6—18 所示。

图 6—17　燕窝

图 6—18　蛤士蟆油

二、水生动物类

1. 鱼翅

鱼翅又称鲨鱼翅、鲛鲨翅、金丝菜，由鲨鱼、鳐鱼等软骨鱼的鳍加工干制而成，呈透明胶体状，无色无味，口感软糯，富有韧性。适用于烧、煨、扒、蒸、烩、制汤等烹调方法。烹制前须经涨发，因其本身无味，需加入鲜味足的火腿、鸡肉、干贝及高级上汤一起烹煮。

鱼翅以体干、完整、色泽亮洁、粗肥长大的背翅为最佳。鱼翅一年四季均产，主要产于我国广东、福建、台湾等地。鱼翅如图 6—19 所示。

2. 鱼唇

鱼唇又称鱼头，是用鲨鱼、魟鱼、鳐鱼等唇部周围的软肉及骨组织加工而成的。鱼唇质细嫩，味鲜美，营养丰富，略呈透明状，宜用扒、焖、炖、烧、烩等烹调方法成菜。烹制前须经水发，因其本身无显味，需与鲜味足的鸡、鸭、火腿等原料一起烹煮。

鱼唇以体大完整、干燥洁净、色白、半透明者为佳。鱼唇一年四季均产，主产于我国福建，台湾，广东湛江、汕头等地。鱼唇如图 6—20 所示。

图 6—19　鱼翅

图 6—20　鱼唇

3. 鱼骨

鱼骨又名鱼脑、鱼脆，是以鲨鱼头部和鳃裂的软骨加工而成的，常见的有长形和方形两种，坚硬，色白至淡米黄色，半透明，有光泽。涨发后呈白色半透明状，质脆软。鱼骨含有较多的蛋白质、钙、磷和胶质。鱼骨烹制前须经涨发，因本身无显味，需与其他鲜味足的原料一起烹制，宜用烧、煮、炒、炖、煨等方法成菜，以煲汤为佳。

鱼骨以均匀、完整、色白、透明、身干、无血筋、无红黑杂色者为佳。7—11 月为鱼骨生产旺季，主产于海南、广东、广西、福建等沿海地区。

4. 鱼皮

鱼皮是用鲨鱼、鳐鱼的背部厚皮加工制作而成的。常见的有原鱼皮和净鱼皮。原鱼皮由于只去腐肉而没有去沙即晒干，因此表面布满沙粒。因品种不同，鱼皮可呈现不同的颜色，如青鲨皮呈灰色，真鲨皮呈灰白色。姥鲨皮灰色，表面不平、沙粒多，质量最差；虎鲨皮呈青褐色，犁头鳐皮黄褐色，质量最好。净鱼皮片薄，淡黄色，光洁，半透明。鱼皮富含胶质，口感软糯滑爽，宜用烧、煨、扒、炖、焖、烩等方法成菜。

鱼皮以皮面大、无孔、厚实、洁净有光泽者为佳。若鱼皮内面黄白、透明、洁净，表明已经去净残肉；若表面发红，则表明残肉已经发生腐败变质，俗称油皮，则质劣。鱼皮一年四季均产，主要产于我国广东、福建、台湾等地。

5. 虾米

虾米又称开洋、金钩、海米、河米，由一种小型虾经盐水煮制、晒干、去头尾外壳制作而成。色泽有淡黄、浅红、粉红三种。海虾称为海米，河虾称为河米。虾米前端粗圆，后端呈尖细弯钩形，味鲜。虾米宜用熬、炖、拌、炒、烩等方法成菜，也可作为菜肴的配料、馅料及火锅的增鲜原料。

虾米以身干，盐轻，色泽红黄光润，颗粒均匀完整，无灰壳，无爪节、爪甲、黑头者为佳。虾米一年四季均产，主要产于我国沿海及内陆地区。虾米如图 6—21 所示。

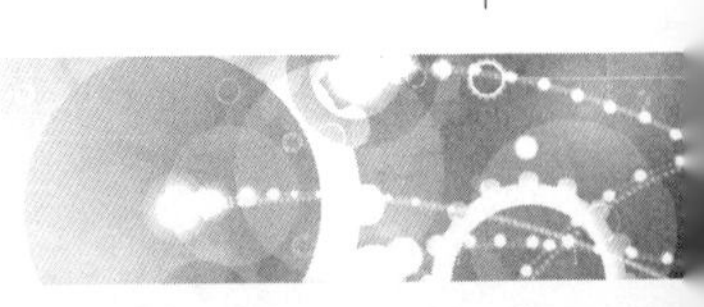

6. 虾皮

虾皮又称虾米皮，选用海产的毛虾干制而成，因毛虾体小肉少，干制后形态干瘪，故称虾皮。虾皮分生虾皮和熟虾皮两种，毛虾直接干制的称为生虾皮，煮熟后干制的称为熟虾皮。虾皮形态干瘪，味鲜香，适用于制馅、做汤或凉拌菜。烹制前须用水涨发后再使用。泡虾皮的水不要丢弃，可与虾皮一起烹制。

虾皮以个儿大、体形完整、干燥、色泽微黄或发白、盐分少、无杂质者为佳。虾皮一年四季均产，主要产于我国沿海地区。虾皮如图 6—22 所示。

图 6—21　虾米

图 6—22　虾皮

7. 虾子

虾子选用海产对虾、白虾和淡水大青虾的虾卵加工而成。将抱卵的活虾放在清水中轻轻搅动，使虾卵沉淀水中，沥干水分，晒干或烘干即成。虾子呈细小圆粒状，色泽浅红或橘红，有光泽，含鲜味成分较多，可作为烹饪中的鲜味调料或辅料，也可加在调味品中，运用较广。

虾子以干燥、无结块、色艳有光泽、无哈喇味、无杂质者为上品。虾子产于春秋两季，主要产于我国沿海及内陆。

8. 蟹子

蟹子由我国沿海所产的三疣梭子蟹的卵加工而成，有熟蟹子和生蟹子两种。熟蟹子色泽鲜艳，饱满光滑，以味淡为上品。生蟹子颗粒松散，颜色较淡，鲜香味不及熟蟹子。蟹子在日式料理寿司中应用较多，如蟹子紫菜寿司饭，国内的名菜有蟹子鱼肚等。

蟹子以色泽鲜艳、饱满光滑、味淡为佳，一般选用熟蟹子。蟹子上市旺季为 5 月和 10 月，主要产于我国浙江舟山、渤海湾及江苏沿海地区。

9. 海参

海参属于棘皮动物，常根据海参背面是否有圆锥肉刺状的疣足分为刺参类和光参类两大类。刺参类又称有刺参，海参体表有尖锐的肉刺，突出明显。光参类又称无刺参，表面有平缓突出的肉疣或无肉疣，表面光滑。一般来说，有刺参质量优于无刺参，无刺参以大乌参质量最佳，可与有刺参中的梅花参、灰刺参媲美。海参多用于宴席菜品，由于胶质重，烹制时以扒、烧、焖、蒸为多，也可煨、煮和做汤成菜。由于属无显味的原料，海参应和其他鲜香味原料合烹或用其赋味。海参可整用，也可加工成段、块、片、丝、丁等形状而使用。海参呈菜以其肉质细嫩、富有弹性、滑润爽口取胜。

海参种类较多，选择海参时，应以体形饱满、质重皮薄、肉壁肥厚，水发时涨性大，水发后糯而滑爽、有弹性，质细无沙粒者为好；凡体壁瘦薄、水发时涨性不大、成菜易酥烂者，质量差。海参如图 6—23 所示。

10．干贝

干贝是用扇贝科的扇贝、日月贝和江珧科的江珧等贝类的闭壳肌加工干制而成的制品。干贝圆整，色泽浅黄，肉质细嫩，只有一个柱心，味极鲜美。带子以日月贝的闭壳肌制成，体小扁圆，色浅黄，味微回甜，入口绵老，质量次于干贝。江珧柱体形粗长，纤维较粗，有两个柱心，入口老韧，鲜味最差。干贝一般做主料应用，可与多种原料相配，通过油爆、清蒸、烤、炸、煮、烧（铁板烧）、扒等烹调方式成菜，味型多样，常常是冷菜、热菜、大菜、汤羹及用于火锅、馅料等的原料。干贝须涨发，一般入水中清洗后撕去结缔组织膜，放入器皿中加适量水和黄酒、姜、葱，上笼蒸 2 ~ 3 h，原汤泡起待用。其汤汁味鲜美，一般不丢弃。由于干贝含多种呈鲜物质，所以常用于给无显味的原料赋味增鲜即做鲜味剂使用。

干贝以干燥、粒大饱满、色泽淡黄、有光泽、肉质细密、咸味轻、鲜味突出、有香气、无杂质者为上品，色泽灰暗、发黑、肉质老韧、鲜味不突出者质量较差。干贝的上市旺季为 5 月和 10 月，主产于渤海和胶州湾沿海，以山东荣成出产的品质为最好。干贝如图 6—24 所示。

图 6—23　海参

图 6—24　干贝

11．鲍鱼

鲍鱼又名大鲍、干鲍，是鲜鲍经脱水加工而成的干制品，分为金钱鲍和马蹄鲍两类，小者为金钱鲍，大者为马蹄鲍。鲍鱼肉质细嫩，味极鲜美，营养丰富，常作为宴席中的大菜，用烧、烩、拌等方法成菜。烹制前用水发和碱发，发鲍鱼的水不要丢弃，应随同鲍鱼一起烹制。

鲍鱼以色泽鲜艳、半透明、身干体大、厚而饱满、不带内脏者为佳。鲍鱼产于夏秋两季，主要产于山东、广东等地。

12．海蜇

海蜇属于腔肠动物。海蜇的身体从外形上分为伞部和口腕部。伞部隆起呈半球形，直径可达 50 cm。中胶层很厚，含大量的水分和胶质物，色泽青蓝。口腕愈合，大型口消失，在口柄的基部有 8 个口腕，下部的口腕又分成三翼，在其边缘有很多小孔，称吸口。海蜇质地脆嫩，营养丰富，入菜前需用冷水泡发或用温水烫后再用凉水清洗，由于其特殊的质地，

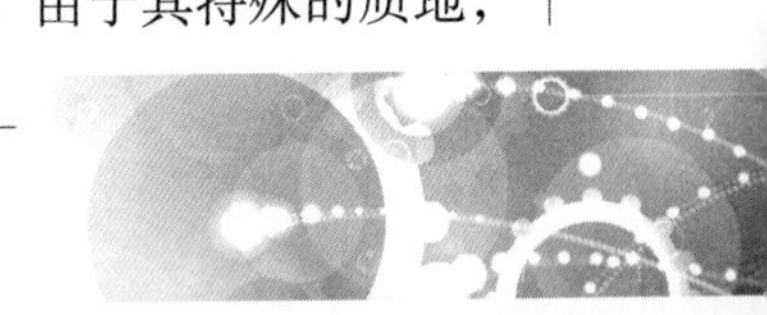

多做凉拌菜。由于海蜇在河口附近的泥质海底的海水中生长，所以食用蜇头时，要注意清洗泥沙。一般蜇头多批成薄片，蜇皮多直切成丝而成菜，口味上以咸鲜、酸甜、葱油和酸辣味为主。

海蜇产于夏、秋、冬三季。海蜇依产地不同分南蜇、北蜇和东蜇。南蜇主要产于浙江、福建、广东、广西和海南等地，个大肉厚，色浅黄，水分高，质脆嫩；东蜇产于山东、江苏和浙江等地，又分棉蜇（肉厚不脆）和沙蜇（肉内含沙，不易洗掉），质稍次；北蜇主要产于天津等地，色白个小，质感脆硬，质更次。

第7章

调辅原料

调　味　料

调味料是烹饪原料中非常重要的组成部分，在菜肴中起着定味、上色、去除异味、杀菌防腐等作用。调味料一定程度上决定了菜肴的风味。调味料在烹调中的作用有为本身不显味的原料赋予滋味；确定菜点风味，矫除原料异味；增进菜点色泽，增加菜点营养；消毒杀菌，延长原料保存期；增食欲，促消化等。

调味原料种类较多，通常分为咸味调味料、甜味调味料、酸味调味料、麻辣味调味料、鲜味调味料、香味调味料和酒糟类调味料 7 大类。

一、咸味调味料

咸味是最基本的味，许多味道都必须与咸味结合才能更充分地表现出来，例如，甜味中适当加了点咸味，可以让甜味更甜。鲜味若不与咸味结合，则无法显现出来。另外，咸味调味料除调味外，还具有防腐、杀菌的功效。

1. 食盐

食盐又称餐桌盐，是人类生存最重要的物质之一，也是烹饪中最常用的调味料。盐的主要化学成分是氯化钠，部分地区出品的食盐中加入了氯化钾，以降低氯化钠的含量，可降低高血压的发生率。食盐可按产地分为海盐、湖盐、岩盐和井盐。此外，还有营养素强化盐，如加碘盐、低钠盐等。

食盐的咸味醇正、咸度适中。烹调中最常用的是精盐，呈粉状，含杂质极少，白色，易溶解，咸味比粗盐轻，最适合菜品调味。

食盐是咸味的主要来源，具有提鲜味、增本味的作用，离开食盐的调味，原料的本味和鲜味就不能充分体现出来。在和面和制作泥、茸或做馅时，加入适量的盐，能吸水“上劲”，使面团柔韧性增强，使茸泥类菜肴的黏性提高。食盐还具有防腐杀菌的作用。食盐也可以作为传热介质，对一些原料进行加热或半成品加工。食盐还可以调节原料的质感，增加其脆嫩度。

烹制菜肴时应注意盐的投放时间。制汤时盐不宜早放，因为盐会使蛋白凝固，不易溶于汤中，使汤不鲜不浓厚；炒制叶茎类蔬菜时，盐宜早放，因盐会使原料中的水分溢出，便于滋味渗透。烹调时用盐必须适量，过量不仅影响菜品口味，而且不利人体健康。

优质的食盐色泽洁白、结晶小、疏松、无结块、咸味醇正、无苦涩味。

2．酱油

酱油又称酱汁、清酱，是以大豆、面粉、麸皮等为主要原料，经微生物或其他催化剂的水解生成多种氨基酸及各种糖类，并以这些物质为基础，再经过复杂的生物化学变化合成的具有特殊色泽、香气、滋味和形态的调味液。

酱油是烹调中使用频率仅次于食盐的咸味调味品，可代替食盐起确定咸味、增加鲜味的作用，对菜肴具有增色、增香、除腥、解腻的作用。

烹调时应根据菜肴的要求合理使用酱油，长时间加热烹调的菜肴，不宜使用酱油着色，因为酱油加热过久会变黑，影响菜肴色泽。

酱油以色泽红褐、鲜艳，香气浓郁，无沉淀物和乳膜，滋味鲜美醇正者为佳。

3．酱

酱是指以豆类或面粉、米等为主要原料，采用曲制或酶制法加工而成的一类调味品。其生产工艺与酱油相似。酱的味道有咸鲜、咸甜等，根据加工用料不同，酱可分黄豆酱、面酱和蚕豆酱三种。根据加入的风味原料不同，还有虾米酱、牛肉酱、芝麻酱等复合调味酱。

酱品鲜味浓郁，在烹饪中具有非常重要的地位，可用于爆、烤、蒸、凉拌等多种烹调方法。一般在用于热菜时宜先炒香出色，而用于蘸食或凉拌时宜将其先炒熟或蒸熟再用，以确保卫生及菜肴的风味特色。

黄豆酱以色泽橙黄、光亮，酱香浓郁，咸淡适口，味长略甜者为佳。面酱以颜色红褐、有光泽、味醇厚、鲜甜者为佳。蚕豆酱以颜色红褐或棕褐、有光泽、酱香味浓郁、咸淡适口、味鲜醇厚者为佳。

4．豆豉

豆豉指以豆类加曲霉菌种发酵后制成的一类颗粒状调味品。豆豉在烹调中主要用于提鲜增香，多用于炒、爆、烧、蒸、焖法烹制的菜肴，在使用时要注意，豆豉的味道很重，不宜用得太多。保存时则要注意防霉、防潮，可用适量盐、白酒和香料与其拌匀。

质量好的豆豉色泽黄黑、味香鲜浓郁、咸淡适口、油润质干、颗粒饱满、中心无白点、无霉变异味和泥沙味。

二、甜味调味料

甜味是很受人们欢迎的一种味道，甜味调味料在烹调中的作用仅次于咸味调味料。甜味调味料在烹调中的作用很大，除了赋甜味外，它还可以增加鲜味、缓和辣味、抑制苦味，还可以用来腌渍原料，有防腐的作用。

1．食糖

根据其外形和色泽，食糖分为白砂糖、绵白糖、赤砂糖、土红糖、冰糖、方糖等。白砂糖是烹调中最常用的甜味剂，含蔗糖 99% 上，纯度高，色白明亮，晶粒整齐，水分、杂质和还原糖含量较低。绵白糖晶粒细小、均匀，颜色洁白，质地绵软、细腻，甜度高于白砂糖，入口即化。赤砂糖颜色较深，有赤红、赤褐或黄褐几种，有糖蜜味，有时还有焦苦味。土红糖纯度较低，因未经过洗蜜，水分、还原糖、非糖杂质含量较高，颜色深，结晶颗粒小，易潮解，味浓。冰糖是白砂糖的再制品，因形似冰块，故名冰糖。方糖纯净洁白，有光泽，块形整齐，大小一致，溶解速度快，糖液清澈透明，口味纯正。

食糖主要用于菜肴的甜味调味，也是制作糕点、小吃的重要原料，还可制成糖色以增加菜品色泽。在腌制品中使用食糖，可减轻加盐脱水所致的老韧，保持肉类制品软嫩，防止

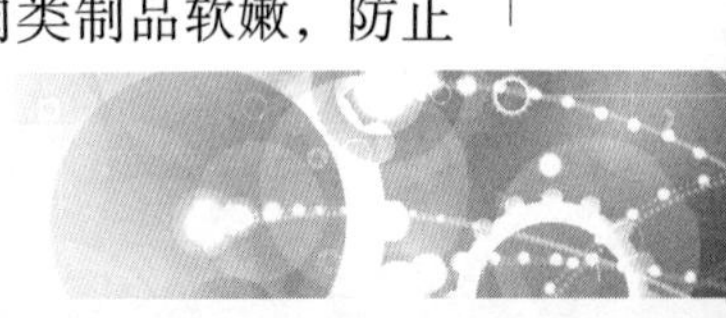

板结。食糖还可用于挂霜和拔丝菜品的制作。

食糖以色泽明亮、质干味甜、晶粒均匀、无杂质、无返潮、不粘手、无结块、无异味者为佳。食糖以广东、广西、福建、台湾、内蒙古及东北地区为主要产地。

2．蜂蜜

蜂蜜是用蜜蜂采集的花蜜经过反复酿造而成的一种甜而有黏性、透明或半透明的胶状液体。蜂蜜主要用来代替食糖调味，具有调味、增白、起色等作用。蜂蜜具有很强的吸湿性和黏着性，烹调使用时应注意用量，防止用量过多而造成制品吸水变软，相互粘连。同时，应掌握好加热时间和温度，防止制品发硬或焦煳。

蜂蜜以色泽黄白、半透明、水分少、味醇正、无杂质、无酸味者为佳。

3．饴糖

饴糖又称麦芽糖、糖稀，是以粮食淀粉为主要原料，经过加工后用淀粉酶液化，再利用麦芽中的酶，使原料中的淀粉糖化，经浓缩、过滤后制成的一种黏稠状调味料。饴糖主要用于制作糖果、糕点，烹饪中饴糖主要用于上色，使菜品色泽红亮有光泽等，也可用来调味。它可以使成熟的点心质感松软，菜肴则色泽红亮，烧烤类的菜肴使用尤其多。

饴糖以颜色鲜明、浓稠味纯、洁净无杂质、无酸味者为佳。

三、酸味调味料

在烹调中，酸味调味料有去腥、增香、开胃、杀菌的作用。

1．食醋

醋是我国传统的调味品，是以粮食、果实、酒类等含有淀粉、糖类、酒精的原料，经微生物发酵酿造而成的一种酸味液体调味料。醋的主要成分是醋酸，主要营养成分是氨基酸、乳酸、其他多种有机酸及多种矿物质。品种主要有香醋、熏醋、米醋、糟醋、陈醋、白醋、果醋等。中国著名的醋有山西老陈醋、保宁醋，镇江香醋，天津独流老醋，河南老鳖一特醋及红曲米醋、原香醋等。醋在烹调中运用极为广泛，主要起除腥味、解腻味、增鲜味、加香味、添酸味等作用，是许多复合味型的重要调料。醋不耐高温，易挥发，因此在烹调时应注意加入的时间和顺序，以保证菜品的风味特点和复合味口感的充分体现。

香醋深褐色，有光泽，香味芬芳，口味酸而微甜；熏醋色黑，挥发性酸味少，上口酸而柔和；米醋香气纯正，口味酸而醇和，色透明，略带鲜甜味；糟醋呈深褐色，有光泽，香气浓，口味酸而微甜。醋全国均产，以山西、四川、福建、浙江产为佳。

2．番茄酱

番茄酱是鲜番茄的酱状浓缩制品，由成熟红番茄经破碎、打浆、去除皮和籽等粗硬物质后，再经浓缩、装罐、杀菌而成。番茄酱呈鲜红色酱体，具番茄的特有风味，是一种富有特色的调味品，一般不直接入口。番茄酱是增色、添酸、助鲜、赋香的调味佳品。番茄酱在现代中国烹饪中应用很多，主要用于酸甜味的复合味型中，在使用时常先用油炒出色。番茄沙司是番茄酱的再制品，它的味道已经基本调好，开封即可食用，目前在餐饮业中使用最多。

番茄酱以色红亮、味醇正、质细腻、无杂质者为佳。

3．柠檬酸

柠檬酸又名枸橼酸，是一种重要的有机酸，为无色半透明结晶或白色颗粒，无臭，易溶于水，味极酸。主要起保色、增香、添酸等作用，使菜品产生特殊风味。在使用时应注意用量，宜用水溶解后再进行调味。

四、麻辣味调味料

麻辣味是一类刺激性很强的味道，它包括麻味和辣味两大类。麻辣味一般不能单独使用，必须与其他味道配合起来使用才能起到良好的效果。在烹调中，辣味可以起到增香、解腻、去腥等作用，还可以刺激食欲，帮助消化。

1. 辣椒

辣椒又称海椒，含有多种成分，其辣味的主要成分是辣椒素、二氢辣椒素，能促进血液循环，增加唾液分泌及淀粉酶活性，具有促进食欲、杀虫灭菌等功能。辣椒可制成干辣椒、辣椒粉、辣椒油、泡辣椒等制品。干辣椒在烹调中应用广泛，具有去腥味、压异味、增香味、提辣味、解腻味的作用，主要用于炒、烧、煮、炖、炝、涮等烹调方法。辣椒粉在烹调中应用也很广泛，功用与干辣椒相同，是制作辣椒油的主要原料。辣椒油是川菜凉菜辣味复合味型的调制品。泡辣椒是调制鱼香味型的重要原料之一，多用于烧、炒、蒸、拌等烹调技法。辣椒还可制成辣椒酱。

在烹调中，辣椒可以去腥、增香、解腻、开胃，在一桌菜肴中使用时，可使味道的层次感、节奏感增强，使菜肴富于变化。同时辣椒也有增色的作用。

干辣椒以色泽紫红、油光晶亮、皮肉肥厚、身干籽少、辣中带香、无霉烂者为佳。辣椒粉以色红、质细、籽少、香辣者为好。泡辣椒以色红亮、滋润柔软、肉厚籽少、味道咸鲜、兼带香辣、体完整、无霉烂者为佳。辣椒主产于四川、云南、贵州、湖南、山东、陕西等。辣椒如图 7—1 所示。

2. 胡椒

胡椒又称大川，是胡椒科植物胡椒的果实，有黑胡椒、白胡椒之分。黑胡椒是在果穗基部的果实开始变红时，剪下果穗，用沸水浸泡至皮发黑，晒干或烘干而成；白胡椒是在果实已经全部变红时采集，用水浸渍数天，擦去外皮晒干而成，表面成灰白色。在烹调中，胡椒通常是磨成胡椒粉后使用，主要用于去腥、提味、增鲜、增香，尤其适于原料本身的气味较重的情况，如鱼片、腰花、黄鳝。使用方法主要是在菜肴做好后撒在菜肴上，也可先与原料拌匀，然后再烹制成熟。

黑胡椒以粒大、色黑、皮皱、气味强烈者为佳。白胡椒以个大、粒圆、坚实、色白、气味浓烈者为佳。胡椒主要分布在热带、亚热带地区，东南亚盛产，我国的西南及华南地区也有出产。胡椒如图 7—2 所示。

图 7—1　辣椒

图 7—2　胡椒

3. 花椒

花椒又叫椒、大椒、川椒、秦椒，是芸香科植物花椒的果皮或果实的干制品，大小如绿豆。常见的花椒有青色与红色两种，红色味稍浓。花椒的调味作用有两个方面。一是花椒的麻味，这在我国西南地区的菜肴中使用较多；二是花椒的香味，在江浙一带菜肴中使用的主要是花椒的香气。花椒在菜肴中的应用十分广泛，在腌渍、加热及最后的补充调味中都有使用，可以起到去腥增香、杀菌、开胃的作用。

我国大部分地区都有花椒出产，著名品种有四川的茂汶花椒、陕西的韩城大红袍花椒。花椒如图 7—3 所示。

图 7—3 花椒

4. 芥末

芥末是十字花科植物芥菜的种子干燥后研磨成的一种粉状调味料。颜色有淡黄、深黄之分。现在常用的芥末有芥末粉、芥末油与芥末酱等。芥末在烹调中是制作芥末味型的重要调味品，多用于凉菜的制作，主要起提味、刺激食欲的作用。

芥末以油性大、辣味足、香气浓、无异味、无霉变者质量较好。芥末在我国各地均有出产，以河南、安徽产量最大。

5. 咖喱粉

咖喱粉是由 20 多种香辛调料制成的一种辛辣、微甜，呈黄色或黄褐色的粉状调味料。咖喱粉源出印度，现在各地均有生产。咖喱粉的主要配料有胡椒、生姜、辣椒、姜黄、肉桂、肉豆蔻、茴香、辣根、芫荽子、甘草、橘皮等。将各种香辛料干燥粉碎后混合，或焙炒，然后储放待其成熟。咖喱粉在烹调中多用于烧菜，有提辣增香、去腥解腻、增进食欲的作用。在实际使用时，咖喱粉常与植物油、姜、葱调制成咖喱油，这样既可直接下锅煸炒，又可用来凉拌菜肴。

咖喱粉以色泽深黄、粉质细腻、无结块、无杂质、无异味者为佳。

五、鲜味调味料

鲜味的味感是味中比较复杂的一种，呈味物质有核苷酸、氨基酸、酰胺、肽及其他有机酸等。鲜味通常不能独立作为菜肴的滋味。在应用过程中，鲜味一般在有咸味的基础上方可呈现最佳效果。

1. 味精

味精的主要成分是谷氨酸钠，是用小麦的面筋蛋白质或淀粉，经过水解法或发酵法制成的一种粉状或结晶状的白色调味品，易溶于水，吸湿性强。味精具有强烈的鲜味，在烹调中的主要作用是增鲜提味，在使用时必须与咸味调料配合才能体现出其鲜味。

烹调中应注意用量、投放时间及温度，最适宜的使用浓度为 0.2% ~ 0.5%，最适宜的溶解温度为 70 ~ 90℃。对用高汤烹制的菜肴，不必使用味精。对酸性强的菜肴，不宜使用味精，因味精在酸性环境中不易溶解。应在菜快炒好时加入味精，因为在高温下味精会分解。

2. 蚝油

蚝油是用鲜牡蛎加工干制时的汤经浓缩制成的一种浓稠状液体调味品。蚝油含有鲜牡蛎肉浸出物中的各种呈味物质，具有浓郁的鲜味。蚝油可作为鲜味调料和调色料使用，也可作为菜肴的味碟使用。由于蚝油在生产时已经加了盐，烹饪时要减少放盐量。

蚝油以色泽棕黑、汁稠滋润、鲜味浓郁、无异味、无杂质者为佳。耗油的产地为广东。蚝油如图 7—4 所示。

图 7—4 蚝油

3. 鱼露

鱼露又称鱼酱油、水产酱油，主要利用三角鱼、七星鱼、糠虾等水产品的废弃物，经过加工制成的液体状调味品，其生产方式一般有酶解法、酸解法和煮制法三种。鱼露在烹调中的应用与酱油相似，主要用于菜肴的鲜味调兑或兑制鲜汤，可做汤料，也可做味碟使用，适用于煎、炒、蒸、炖、拌等菜品的调味。

鱼露以酶解发酵加工的质量最好，酸解法制成的质量次之。鱼露产于福建、广东、浙江、广西等地。

六、香味调味料

香味调味料是指在菜肴中主要起增加菜肴香气、去除异味等作用的一类调味料。这类调味料来源于植物的花、果、籽、皮及其制品。香味调味料含有挥发油，芳香浓郁，味道纯正，在烹调中起压异味、增香味的作用。常用的有八角、茴香、桂皮、丁香等。

1. 八角

八角又名大料、大茴香、八角茴香。八角由 6 ~ 13 个小果集成聚合果，呈放射状排列，中轴下有一钩状弯曲的果柄。八角香气的主要成分是茴香醚，此外还有茴香酮、茴香醛、胡椒酚、茴香酸等。八角在使用时适于烧、卤、酱、炸等方法烹制的菜肴，使用方法主要是腌渍或与菜肴一同加热烧煮，可除原料的腥膻异味，增添芳香气味，并可调剂口味，增进食欲。八角是许多香味调料的重要原料，五香粉等调料中少不了它。此外，八角在食品行业中，还可制作各种果酒、饮料、糖果等。

八角以个大均匀、色泽棕红、鲜艳有光、香气浓郁、完整干燥、果实饱满、无霉烂杂质者为佳。在鉴别八角时要防止假八角混入，假八角又叫莽草果，果瘦小，尖端弯曲明显，闻着有樟脑或松枝味，用舌舔有刺激性酸味，毒性较大。真八角舔之有甜味。八角主要产于西南及两广地区。八角如图 7—5 所示。

2. 茴香

茴香又叫小茴香、谷茴香等。小茴香果实干燥呈柱形，两端稍尖，外表呈黄绿色。它的主要成分是茴香醚、小茴香酮。茴香在烹饪中多用于卤、酱、烧等烹调方法及面食的调味，主要起增香味、压异味的作用。在使用时，茴香要用纱布包裹起来，以免影响菜肴的口感和观感。

茴香以颗粒均匀、干燥饱满、色泽黄绿、气味香浓、无杂质为佳。茴香每年 9—10 月成熟，主要产于山西、甘肃、辽宁、内蒙古等地。茴香如图 7—6 所示。

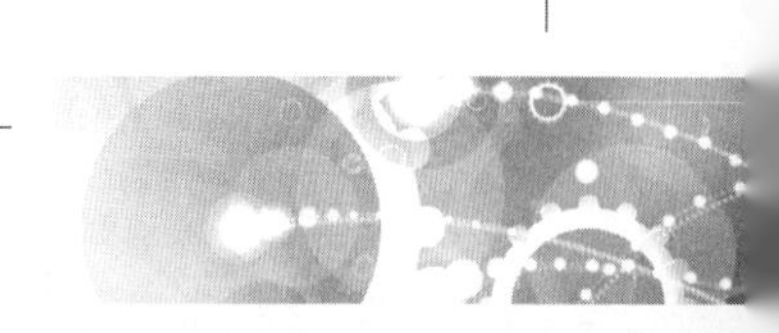

图 7—5 八角

图 7—6 茴香

3. 桂皮

桂皮是肉桂、天竺桂、细叶香桂、川桂、阴香等的树皮，经干燥后制成的卷曲状的香味调味料。桂皮的种类很多，总体上可分为肉桂和菌桂两种。桂皮是烹调中不可缺少的调味品，烧肉、卤菜都要放上一些，同时它还是加工五香粉、茶鸡蛋等的必要调料，食品业也用它来制作糖果等食品。

桂皮以皮细肉厚、表面灰棕色、内面暗红棕色、油性大、香气浓、无虫蛀、无霉烂者为佳。茴香产于秋冬季，福建、山东、广西、湖北、江苏、浙江、四川等地有产。桂皮如图 7—7 所示。

4. 丁香

丁香又称丁子香，为桃金娘科植物丁香的花蕾，由青转为鲜红色时采集晒干制成。丁香呈短棒状，表面呈红棕色或紫棕色，有较细的皱纹，质地坚实而有油性，气味强烈芳香，味辛辣麻舌。丁香气味浓烈，在使用时要注意它的用量，在一般的菜肴中，丁香只要放上几粒，它的气味就特别地清香诱人。在腌制醉蟹时，每只蟹的脐下都要放一粒丁香，不仅增香，也可杀灭病菌。

丁香以完整、个大、油性足、紫红色、能沉于水、香味浓郁者为佳。丁香产于秋季至春季，主要分布于海南、广东、广西。丁香如图 7—8 所示。

图 7—7 桂皮

图 7—8 丁香

5. 草果

草果呈卵圆形，长 2 ~ 4 cm，直径 1 ~ 2.5 cm，顶端不开裂，成熟时呈紫红色，干制后呈褐色。主要呈味物质为芳樟醇、苯酮。草果香气特异，味辛辣，烹调中常用来制作复合调味料，也用于烧菜、火锅、卤菜、凉拌菜中，起增香、去腥的作用。

草果以个大饱满、色泽棕红、干燥、香气浓郁者为佳。草果产于秋冬季，主产云南、广西、贵州等地。草果如图 7—9 所示。

6. 陈皮

陈皮又称为橘皮，是福橘、朱橘等多种橘类的果皮或柑类、甜橙的果皮经干制而成。陈皮外表呈橙红色至棕色，内表面淡黄白色。陈皮味苦而芳香，烹调中多用于炖、烧、炸等动物性原料制作的菜肴，起压制异味、增加香味的作用，代表性菜肴有：陈皮牛肉、陈皮鸡丁、陈皮鸭等。在使用时应先用热水泡软，使苦味稍稍减轻，也可使用陈皮粉。因陈皮有苦味，在使用时要注意用量不宜太多，以免影响菜肴的正味。由于生活习惯的不同，陈皮在北方的使用不多，在我国的西南地区使用较为广泛。

陈皮以皮薄、片大、色红、油润、干燥无霉、香气浓郁者为佳。储藏时宜置于通风干燥处，以防止霉变。陈皮冬春两季出品，在我国的各柑橘产地均有加工。陈皮如图 7—10 所示。

图 7—9　草果

图 7—10　陈皮

7. 肉豆蔻

肉豆蔻又叫作肉果、玉果，外观为灰棕色，呈卵圆形、球形或椭圆形，外表有网状沟纹。肉豆蔻味道辣中带苦，气味芳香，带有清凉感，在烹饪中常用于卤、酱、烧、蒸等方法烹制的菜肴中，也可用于糕点、饮料、沙司及配制咖喱粉。肉豆蔻一般都与其他香料配合使用，且用量不宜过多，以免菜肴中的苦味过重。

肉豆蔻以个大坚实、香味浓郁者为佳。肉豆蔻产于秋冬季节，主产于马来西亚和印度尼西亚，我国的广东等地也有出产。肉豆蔻如图 7—11 所示。

图 7—11　肉豆蔻

七、酒糟类调味料

1. 黄酒

黄酒是我国的特产，是我国也是世界上最古老的饮料酒之一。黄酒的味道浓香醇厚，颜色由淡黄到深褐色不等。在菜肴中用黄酒来去腥增香是中国烹饪的一大特点。黄酒中主要

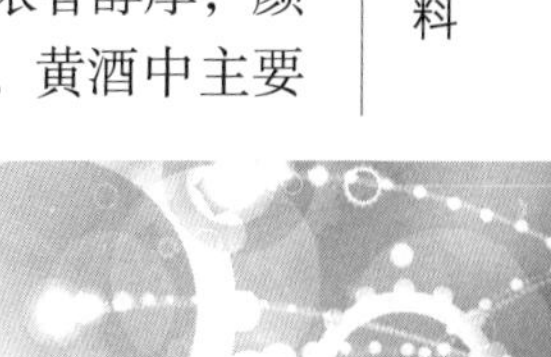

的香气成分是酯类、醇类、酸类、酚类、羰基化合物等。黄酒在菜肴中应用很广泛，既可用在原料腌制和码味，也可用在菜肴的烹制时。它既可以增香去腥，又有一定的杀菌消毒作用。黄酒的用量要适度，以吃不出酒味为宜。

黄酒以色泽橙黄、清澈透明、香气浓郁、味道醇厚、含酒精度低者为佳。黄酒一年四季均产，以浙江绍兴所产最为著名，因此，黄酒也被称为绍酒。

2. 白酒

白酒以高粱、玉米、大麦、糯米等含淀粉的粮谷或含糖分的植物为原料，通过特定的加工工艺，在酒药（小曲）、麦曲（大曲）或麸曲（纯种霉菌）等糖化发酵剂中多种霉菌、酵母菌和细菌的共同作用下，经糖化、发酵、蒸馏等工序制成的一类高醇度酒。烹调中，主要用于对腥膻味较重原料的加工、除异味和一些风味菜肴的制作。

白酒以色泽清澈透明、味道醇厚、香气浓郁、无杂质、回味甘甜者为佳。白酒一年四季均产，全国均产，以四川、山西、贵州等地所产较为著名。

3. 香糟

香糟又叫作酒膏，是制作黄酒时发酵经蒸馏或压榨后余下的残渣再经加工制作而成的汁渣混合物。香糟的酒精度在10° 左右，酒香浓郁。香糟可分为白糟和红糟，白糟是普通的香糟，由绍兴黄酒糟加工而成。红糟是福建特产，在酿制时加入5%的红曲米制成。香糟风味独特，在烹饪中主要起去腥、增香、增味的作用。红糟还有给菜肴上色的作用。烹调方法多为炝、煎、醉等。

香糟以糟香浓郁、无异味，红糟色泽红艳者为佳。香糟一年四季均产，全国均产，以浙江、福建产较为著名。

4. 酒酿

酒酿又叫醪糟、淋饭酒，这是以糯米为原料，经煮蒸后拌入酒曲，发酵制成的一种渣汁混合物，是一种醇香甘甜的特殊食品。酒酿除可直接食用外，也可作调料使用，还可用于烧菜、甜品菜、糟味菜及风味小吃的制作，主要起增香、合味、去腥、除异、提鲜、解腻等作用。

酒酿以色白质稠、香甜适口、无酸苦味、无杂质者为佳。酒酿一年四季均产，全国均产。酒酿如图7—12所示。

图7—12 酒酿

第2节 辅料

辅助原料指在菜点制作中，除主料、配料及调料之外的一类原料。本书主要介绍食用油脂和淀粉。

一、食用油脂

油脂在烹饪中有以下几个作用，一是使菜肴呈现出鲜嫩或酥脆的特点。在烹调过程中，用油脂作为传热媒介的应用很广，由于油脂的沸点较高，加热后能加快烹调速度，缩短食物的烹调时间，使原料保持鲜嫩。二是使菜肴呈现出各种不同的色泽。由于油温不同，可使炸制或煎制出的菜肴呈现出洁白、金黄、深红等不同颜色。三是增加营养成分，由于脂肪渗透至原料的组织内部，不仅改善了菜肴的风味，并且补充了某些低脂肪菜肴的营养成分，从而提高了菜肴的热量，即营养价值。

食用油脂可分为豆油、花生油、橄榄油、菜籽油等植物油，以及猪油、鸡油等动物油。

1. 豆油

豆油是从大豆中提取出来的油脂，具有一定黏稠度，呈半透明液体状，其颜色因大豆种皮及大豆品种不同而异，从浅黄色至深褐色，具有大豆香味。大豆油中富含卵磷脂和不饱和脂肪酸，易于消化吸收。

烹调方式：低温或小于200℃的高温烹调。

2. 花生油

花生油是用落花生的种子加工制成的植物油脂。淡黄透明，色泽清亮，气味芬芳，滋味可口，是一种比较容易消化的食用油。花生油成分中80%以上都是不饱和脂肪酸，包括人体所必需的亚油酸、亚麻酸、花生油四烯酸等多种不饱和脂肪酸。其中微量元素锌的含量也是食用油类中最高的。

烹调方式：煎炒烹炸，200℃以下的高温皆可，将炒菜锅烧热后倒入花生油，油烧到7至8分热即可，避免出现烧到冒烟的程度。

3. 橄榄油

橄榄油是由新鲜的油橄榄果实直接冷榨而成的，不经加热和化学处理，保留了天然营养成分。橄榄油被认为是迄今所发现的油脂中最适合人体营养的油脂。橄榄油中含有不饱和脂肪酸，可以降低低密度胆固醇，具有非常高的营养价值，其中的抗氧化成分，还可以防

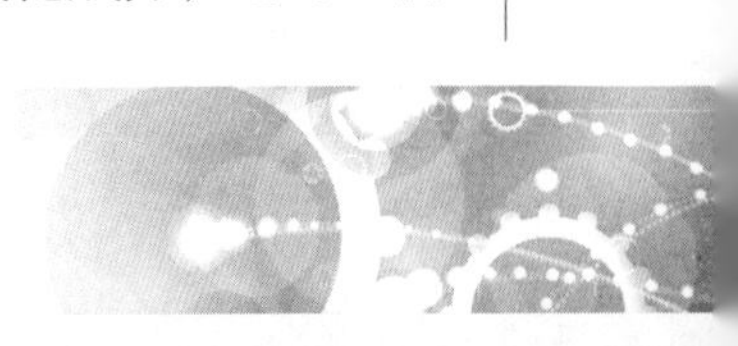

止许多慢性疾病。

烹调方式：橄榄油含有清淡香味，适合制作凉拌菜，也可在用水煮菜后，浇上橄榄油食用。用橄榄油炒菜时，油温最好不超过 190℃。

4．菜籽油

菜籽油是用菜籽加工压榨制成的植物油脂，具有菜籽的特殊气味，略带涩味，营养价值一般。普通菜油呈深黄色，其粗制品为深褐色，精制品呈金黄色。人体对菜籽油的消化吸收率较高，欧米伽 3 含量较高，但部分菜籽油中含有相对较高的芥酸，影响其营养价值。

烹调方式：将炒菜锅烧热后倒入菜籽油，并多烧一段时间，让部分芥酸挥发掉。

5．葵花籽油

葵花籽油用向日葵的种子经压榨加工而成，其亚油酸含量高，熔点低，营养物质含量较多，易被人体吸收，被誉为健康油脂。葵花籽油以颜色淡、清澈明亮、味道芳香、无酸败异味者为佳。葵花籽油不宜长时间高温加热。

6．芝麻油

芝麻油又称麻油、香油，是用芝麻的种子加工榨出的植物油脂，因有特殊香味，故称香油。芝麻油按加工方法可分为冷压麻油、大槽麻油和小磨麻油三种。冷压麻油无香味，色泽金黄；大槽麻油为土法冷压麻油，用生芝麻制成，香气不浓，不宜生吃；小磨麻油用传统工艺提取，具有浓郁的特殊香味，呈红褐色，适宜凉拌、馅心的调味、热菜盛装前后使用。

7．猪油

猪油又称大油，是从猪的脂肪组织中提炼出来的，常温下为固体状油脂，色泽洁白。猪油广泛用于各种烹调技法制作的白汁菜肴和酥点制品，还用作传热介质，也可用于干料涨发。未炼制的板油经加工后可制作面点的特殊馅心或特殊菜肴。完好的网油可包裹原料，制作网油卷等特殊加工工艺的菜肴。猪油适用于炒、熘、扒、烧、烩等烹调方法。猪油以液态时透明清澈、固态时色白质软、明净无杂质、香而无异味者为佳。

8．鸡油

鸡油是从鸡的脂肪组织中提炼出来的，常温下为半固体的油脂，色泽金黄。鸡油是烹调中常用的辅助原料，常用以突出菜品中鸡油的特殊风味，且有增加滋味、调和色质的作用。鸡油以色泽金黄、鲜香味浓、水分少、无杂质、无异味者为佳。

二、淀粉

淀粉在烹饪中广泛应用于上浆、勾芡、挂糊的工序中。淀粉有以下几种。

1．马铃薯淀粉

马铃薯淀粉是目前常用的淀粉，是将马铃薯磨碎后，揉洗、沉淀制成的。马铃薯淀粉黏性足，质地细腻，色洁白，光泽优于绿豆淀粉，但吸水性差。

2．绿豆淀粉

绿豆淀粉是最佳的淀粉，但一般很少使用。它是由绿豆用水浸涨磨碎后，沉淀而成的。绿豆淀粉黏性足，吸水性小，色洁白而有光泽。

3．小麦淀粉

小麦淀粉是面团洗出面筋后，沉淀而成或用面粉制成的。小麦淀粉色白，但光泽较差，质量不如马铃薯粉，勾芡后容易沉淀。

4. 甘薯淀粉

甘薯淀粉由鲜薯磨碎、揉洗、沉淀而成，特点是吸水能力强，但黏性较差，无光泽，颜色较深。

5. 木薯淀粉

木薯淀粉是木薯经过淀粉提取后脱水干燥而成的粉末。木薯淀粉呈白色，无味道、无余味，因此较之普通淀粉更适合于需精调味道的产品，如布丁、蛋糕和馅心西饼馅等。

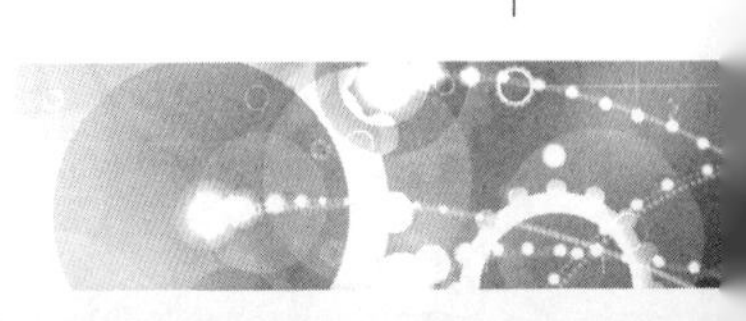

第8章

食品加工工具及使用

“工欲善其事必先利其器”，食品的手工加工离不开对刀具等的使用。对刀具的使用技术被称为刀工。

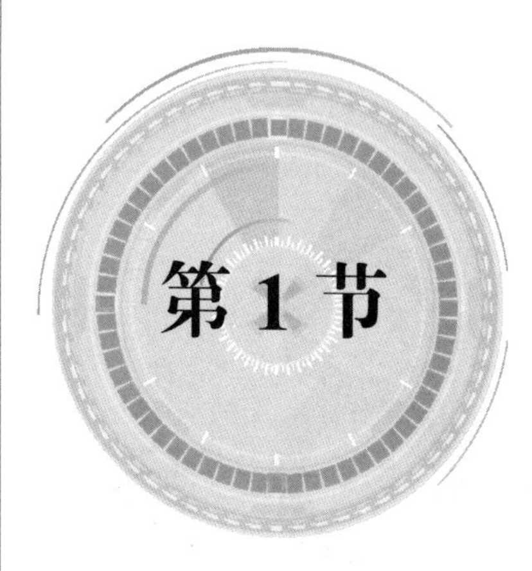

第1节 常用刀具和砧墩

一、刀具

1．刀具的种类

烹饪中常用的刀具，按照其功能大致可分为片刀、切刀、砍刀、前切后砍刀，以及其他专用刀具。各类刀具如图8—1所示。

（1）片刀。片刀刀身较窄、刀刃较长，体薄而轻，刀口锋利。片刀多用于加工质地较嫩的原料，适用于片刀法和切法，原料加工形态多为丝、片、丁、条。

（2）切刀。切刀刀身比片刀略宽厚，长短适中，刀刃锋利，结实耐用。种类有长方形的桑刀，以及前圆后方形的圆头刀。切刀适用于切、片、剁、斩等刀法，加工形态为丁、丝、片、条、块、粒、末、茸等。

（3）砍刀。砍刀又称骨刀、劈刀，刀身厚重，形态各异，有长方形和圆口形两种，每种形状又分别有平背形和拱背形。砍刀多用于加工带骨的动物性原料，刀法多为砍法、劈法。

（4）前切后砍刀。这种类型的刀又称为文武刀。刀背部厚，可用于背部砸法，刀刃薄，前半部最锋利，跟部比前部厚。这种刀用途极广，几乎适用所有刀法，前部多以切、片为主，其他刀法次之，后部多为劈、剁、斩，其他刀法次之。

（5）尖刀。尖刀刀形前尖后宽，大致呈三角形。尖刀体轻，多用于剖鱼和剔骨。

（6）分刀。分刀种类很多，其长度和宽度各不相同。分刀的优点是钢制好，轻便耐用，小巧灵活。

（7）刮刀。刮刀形似铲子，主要用于刮除鱼鳞。

另外，还有处理牡蛎和蛤蜊的牡蛎刀、蛤蜊刀，专用于北京烤鸭熟片法的片鸭刀，用于切割大块烤肉的烤肉刀等。

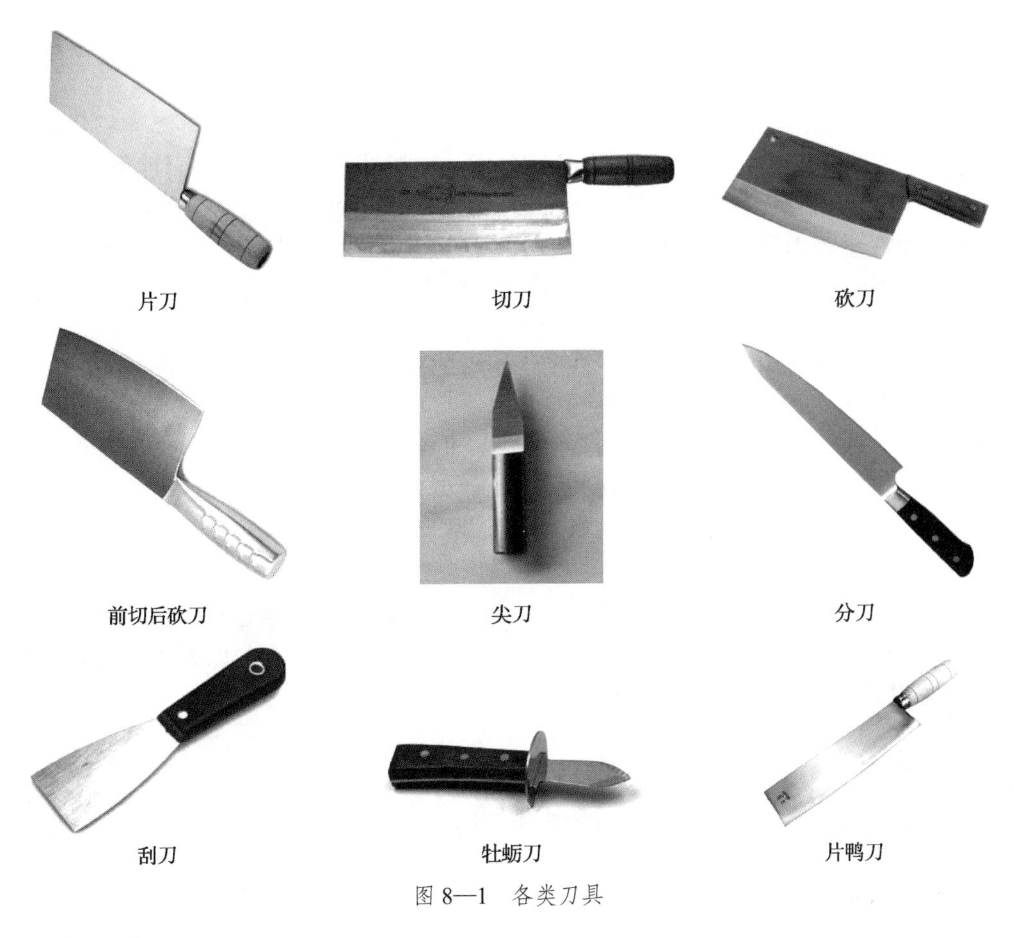

图 8—1　各类刀具

2. 刀具保养

（1）刀具使用中的保养。使用者要养成良好的操作和使用刀具的习惯。只有正确使用刀具，才能在使用时防止刀具锩刃、锛刃。除了要按照各种刀具的特点，合理使用，如片刀不宜斩砍，切刀不宜砍大骨，在运刀时还要掌握好下刀力度，正确运用腕力。遇到阻力不得强行操作，不得硬切、硬砍，防止伤到手指或损坏刀刃。

（2）刀具使用后的保养。刀具用完后，必须洗净干净，用干净的布将刀身两边擦干，不留水分。特别是在切火腿、咸菜、番茄、山药、藕、水产品等咸味、酸味、腥味和带有黏性的原料时，其中的盐、碱、鞣酸等物质对刀具具有腐蚀作用，会使刀具锈蚀、变钝，并污染所切的原料。可用洁净的布擦净刀具、晾干或涂少许油，以防止其氧化生锈。刀具使用后，应挂在刀架上，不要随手乱丢，避免碰损刃口。

（3）磨刀的方法。磨刀是刀具保养的重要内容。

1）磨刀工具。磨刀石是刀具磨制时使用的工具，磨刀石的材料有天然和人造两种。天然磨刀石有粗磨石和细磨石之分。粗磨石以黄沙为主要成分，质地松而粗，多用于磨制有缺口的刀，或给新刀开刃；细磨石以青沙为主要成分，质地坚实，用来将刀磨得锋利。油石是一种人造磨刀石，质地坚实，便于携带。如图 8—2 所示。

图 8—2　油石

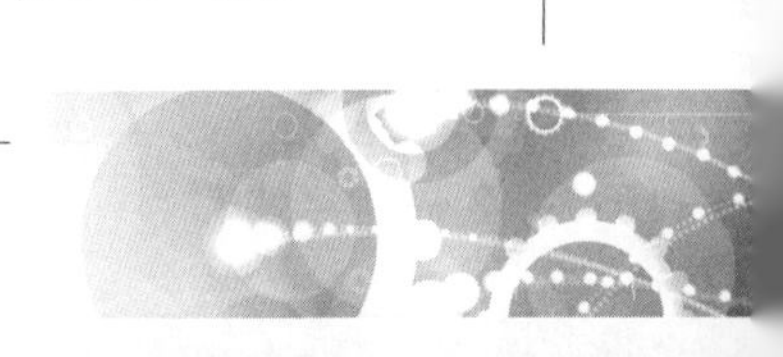

2）磨刀准备。将磨刀石摆放平稳，前低后高。准备一碗清水，以备磨刀之用。将刀清洗干净。

3）磨刀姿势和方法。磨刀时，两脚自然分开或一前一后站稳，胸部略向前倾，收腹，重心前移。一手持刀柄，另一手按住刀身，食指、中指按在刀面上。刀背略翘起，刀刃向前，推按刀背。磨刀时，要先在粗磨刀石上磨出刀刃，再在细磨刀石上磨出锋利的刀刃。

磨刀时要注意，当磨面起砂浆时就要淋水，保持湿润不干。要不断反转刀刃，使两面磨的次数相当。两手用力要均匀一致。刀具往返于磨刀石的前后两端，要把刀刃推至磨刀石的尽头，但刀面不要过石。磨刀时，要避免以下情况。

①偏锋。磨刀两面用力轻重不一，或磨的次数不同，导致刀锋偏向一侧。

②毛口。角度不对，刀刃磨研过度，呈锯齿状或翻卷。

③罗汉肚。前后磨的次数不均，刀身中腰呈大肚状突出。

④月牙口。中间用力过重，磨的次数过多，向内呈弧度凹进。

⑤圆锋。用而不磨，刀圆厚，久磨不利。

⑥摇头。前厚后薄，重心不稳。

4）检验磨刀质量的标准。可从视觉和触觉两方面对磨刀质量进行检验。将刀刃朝上，进行目测，刀刃不显白色，而发青色即可。将刀刃在手指甲盖上，以刀身自重轻轻而擦，有涩感，表明刀刃锋利。

二、砧墩

砧墩是使用刀具对原料进行加工时的垫托工具。北方称墩，两广称砧。砧墩按材质分有木质砧墩、塑料砧墩两种。

1. 砧墩的种类

（1）木质砧墩。一般选择用银杏树、榆树、橄榄树、皂角树、柳树、椴树、榉树等作为材料制作砧墩，因为这些树的木质坚实、木纹细腻，弹性好、耐用，不易损坏刀刃。

（2）塑料砧墩。塑料砧墩多为聚酯塑料制品，可加工成所需形状，如圆形、方形、椭圆形等。其特点是干净、卫生、耐用。

2. 砧墩的使用

使用砧墩时，应在整个平面内均匀使用，以保持砧墩磨损均衡，防止砧墩凹凸不平，影响刀法的施展。因为表面不平时，切割原料难以切断，易产生连刀现象。砧墩面不可留有油污，如留有油污，在加工原料时容易滑动，既不好操作，又易伤人，还影响卫生。

3. 砧墩的保养

木质砧墩在使用前应修正边缘，刮掉老皮，开启封蜡，涂盐水或浸泡，使木质纤维收缩紧密，防止干裂。使用过程中，应将砧墩定期转动，避免出现凹凸不平的情况。砧墩使用后应刷洗干净，竖立放稳，或将墩面平放，用干净的布遮盖。砧墩应定期消毒。

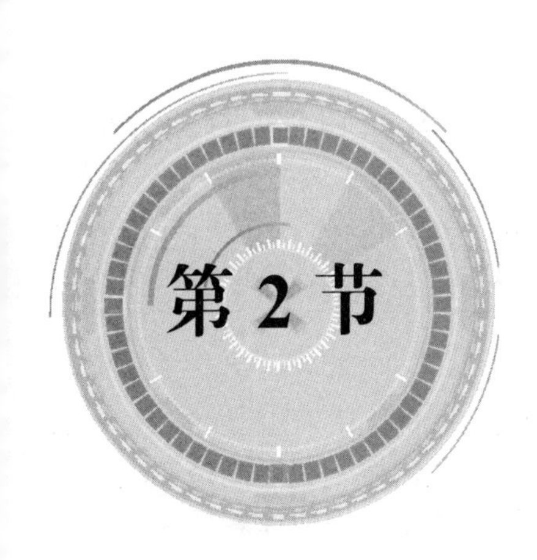

刀　工

具体来说，刀工是按照食用和烹调的要求，使用不同刀具，运用各种刀法，将食品原料加工切割成不同形状的操作过程。

一、刀工的作用

1．便于烹调

原料经刀工处理后，便于烹饪，烹调时易于着色和入味，受热均匀，成熟快，利于杀毒消菌。原料经刀工处理后，变得粗糙，特别是本身表面光滑的原料，易于黏浆挂糊，附着力强，加热后，能最大限度地保持原料中的水分，使成菜鲜嫩适口。

2．便于食用

先将原料由大变小、由粗改细、由整切零，然后按照制作菜肴的要求加工成各种形状，再烹制成菜肴，则更容易取食和咀嚼，也有利于人体消化吸收。整只或大块原料，若不经刀工处理，直接烹制食用，会给食用者带来诸多不便。

3．整齐美观

原料切割后，形状整齐美观，诱人食欲。原料经刀工处理后，能形成各种不同的形态，富于变化，能增加菜肴的品种，使菜肴丰富多彩。原料经刀工处理后，能形成美丽的刀纹和形态各异的图案，增加菜肴的风味特色。

4．物尽其用

原料经巧妙的刀工处理后，能弥补其形状不规格的缺陷，使得物尽其用，节约原料。

二、刀工的要求

1．整齐划一，干净利落

无论切配什么原料，无论是将原料切成丁、丝、条、块等何种形状，都必须大小相同、厚薄均匀、长短整齐、粗细相等，不可参差不齐。如果大小不等，厚薄不均，烹制时小而薄的原料已熟，大而厚的原料还生，调味也难均匀，这样就会影响菜肴的质量。

在进行刀工操作中，不论是条与条之间、丝与丝之间、块与块之间，都不能有连接，不允许出现肉断筋不断，或似断非断的现象。否则同样影响菜肴的质量，也影响菜肴的美观。

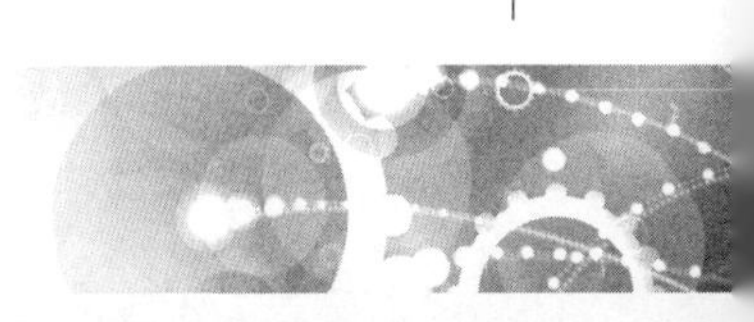

2．密切配合烹调方法

原料切配成型要适应不同的烹调方法。例如，爆、炒等烹调方法，因为需要旺火短时加热，要求成品脆、嫩，为了入味和快速成熟起见，原料宜切得薄一些、小一些。炖、焖等烹调方法所用火力较弱，烹制时间较长，成品要求酥烂入味，为防止原料烹制时碎烂或成糊，则需将原料切得厚一些、大一些。有的菜肴特别讲究原料造型美观，就要运用相应的花刀。

3．根据原料特性下刀

各种原料由于质地不同，在加工时也应采用不同的刀工处理。例如，同是块状，有骨的块要比无骨的块小一些。同是切片，质地松软的就要比质地坚硬的厚一些。同是切丝，质地松软的就要比质地坚硬的粗一些。在运用刀法上也有区别，如生牛肉应横着纤维的纹路切，鸡脯肉可顺着纤维的纹路切，猪肉筋少，顺着或斜着肌纤维的纹路切都可以。鱼肉不但质细，而且水分大，切时不仅要顺着纤维纹路切，还要切得比猪肉丝和鸡肉丝略粗一些，才能在后续的烹调过程中不断不碎。

4．合理使用原料

在刀工操作中，应有计划用料，要量材使用，做到大材大用，小材精用，不使原料浪费。如能鲜熘的猪里脊就不要用来炸丸子，能炒肉丝用的原料就不要制馅。特别是在大料改为小料时，落刀前就得心中有数，使其每部分都能得到充分利用。

三、常用刀法

刀法是指对原料切割的具体运刀方法。依据刀身与原料的接触角度，刀法可分为直刀法、平刀法、斜刀法、剞刀法和其他刀法，各种刀法下还有具体的方法，见表 8—1。

表 8—1 刀法的类型

直刀法	切	直切、推切、拉切、锯切、铡切、滚料切
	剁	砧剁、排剁、跟刀剁、拍刀剁、砍剁
	排	刀口排、刀背排
平刀法	平批、推批、拉批、锯批、波浪批、旋料批	
斜刀法	正斜刀法	
	反斜刀法	
剞刀法	直剞	
	斜剞	
	混合剞	
其他刀法	削、刮、铲、挖、刨、割、剜等	

1．直刀法

直刀法是指刀刃运行与原料保持直角的一切刀法。直上直下，成型原料精细、整齐划一。直刀法是刀法中较复杂的，也是烹饪中最主要的一类刀法。依据用力程度可分为切、剁和排 3 类。

（1）切法。切法运用腕力，刀刃离料 0.5 ~ 1 cm 向下割离原料。依据用力的方向，切法又分为直切、推切、拉切、锯切、铡切、滚料切。

1）直切。用力垂直向下切断原料，不移动切料位置的切法称为直切。直切技术熟练后，迅速加快，形成“跳切”。直切适用于对脆嫩性植物原料的加工，如藕、萝卜、土豆、白菜等。直切要求两手配合协调一致，行刀稳健有力，持刀要稳。原料码放整齐，按稳原料，垂直下刀，刀刃等距离从右向左移动。

2）推切。推切运用推力切料，刀刃垂直向下、向前运行，适用于薄嫩易碎的原料，如豆腐干、猪肝、里脊肉、鱼肉等的加工。推切要求持刀要稳，按稳原料，两手配合协调一致，一刀到底，刀刀断料。

3）拉切。拉切运用拉力切料，刀刃垂直向下、向后运行，适用于韧性原料的加工，如猪、鸡、鸭肉。行刀要稳健有力，拉时要翘起刀刃的后半部，进刀要轻轻地向前推，再顺势向后下方一拉到底。拉切要求一拉到底，刀刀分清，用力稍大。

4）锯切。锯切是推切、拉切的结合刀法，适用于酥烂易碎的原料，如熟火腿、涮羊肉片、面包、卤牛肉、脊肉等。锯切要求刀与砧板垂直，以轻柔的韧劲入料，加强摩擦强度。

5）铡切。铡切时运刀如铡刀切草，它是切刀法的特殊刀法。刀刃垂直平起平落称直铡法，适用于切薄壳原料，如螃蟹、熟鸭蛋等；刀刃交替起落称前后起落铡法，适用于小形颗粒状原料，如虾米等的切碎常采用此刀法。铡切要求右手握刀柄，左手按住刀背前部，相应用力向下；持刀有力稳健，运刀迅速果断，一次将原料切断。

6）滚料切。在切料时，一边进刀刃一边将原料相应滚动，原料每滚动一次，刀做一次直切，也可滚动一次直切数次。此刀法适宜切质地嫩脆、体积较小的圆形或圆柱形植物原料，如胡萝卜、土豆、莴笋、竹笋等。滚料切所形成的块称为“滚料块”。

（2）剁法。剁法是小臂用力，刀刃距料 5 cm 以上垂直用力，迅速击断原料的刀法。根据用力的大小，剁法又可分为砧剁、排剁、跟刀剁、拍刀剁和砍剁 5 种刀法。

1）砧剁。将刀扬起，运用小臂的力量，迅速垂直向下，截断原料。带骨和厚皮的原料常用此法。砧剁运刀时，左手按料离刀稍远，右手举刀直剁而下，故又称直剁。

砧剁不宜在原刀口上复刀，应一刀断料，准确迅速。否则易产生碎骨、碎肉，从而影响原料质量。砧剁适宜切排肋、鱼段等。

2）排剁。排剁是有规则、有节律地连续剁的方法，是制作肉茸、菜泥的专门刀法。由于这种砧剁是依次由左至右再由右至左的运刀，故叫排剁。排剁要求具有鲜明的节律性，根据原料性质控制刀法轻重缓急，循序渐进，密度均匀。

3）跟刀剁。跟刀剁是将刀刃嵌进原料，随刀扬起剁下断离的方法。一些带骨的圆而滑的原料常用此刀法，如鱼头等，对这些原料采用跟刀剁的刀法能提高准确性与安全性。

4）拍刀剁。拍刀剁是将刀刃嵌进原料，用手掌猛击刀背，截断原料的刀法。

5）砍剁。砍剁是借用大臂力量，将刀高扬，猛击原料的刀法。砍剁适用于对大型动物头颅的开片。砍剁要稳、准、狠，要充分注意安全及刀的硬度。

（3）排法。排法是运用排剁的刀法，但又不将原料断离，仅使之骨折、筋断、肉质疏松的方法。排法具有扩大原料表体面积，增强与浆、糊的附着力，使致密结构疏松柔软，方便成型，便于入味，缩短加热时间，利于咀嚼食用等诸多功能。例如，猪排经过排刀加工肉质疏松，扒鸭经过排刀加工身躯柔软，红酥鸭经过排刀加工松嫩并有利于肉茸（糜）的粘接等。依据排刀的不同运刀部位，排刀又有刀口排与刀背排之区别。

1）刀口排。刀口排是运用刀口部刃口，在原料肉面进行排剁，使之骨折、筋断的刀法。适用于对腱膜较多的块肉和用于扒、炖、焖的禽类原料的加工，刀口排深度不宜超过 1/2。

2）刀背排。刀背排是用刀背对原料肉面排敲，使之肉质松嫩的刀法。适用于对猪排、牛排、鸡排的加工。

使用上述两种排法，皆应注意用力不宜过猛，要保持排刀的均匀密度，防止皮破，防止散碎或凹凸不平的现象产生，以免影响原料的质量。

2. 平刀法

平刀法是指刀刃运行与原料保持水平的所有刀法。成型原料平滑、宽阔而扁薄，故行业中又称之为“片”或“批”。依据用力方向，平刀法有平批、推批、拉批、锯批、波浪批和旋料批等方法。

（1）平批。原料保持在刀刃的一个固定位置，刀刃平行批进，不向左右移动。对易碎的软嫩原料常采用平批刀法，如豆腐干、鸭血等。

（2）推批。运用向外的推力，批料时，刀刃由刀尖部进入原料，运用向外的推力，由刀尖向刀腰部移动平推断离。对脆嫩性蔬菜常用此法，如生姜、白菜、竹笋、榨菜等。

（3）拉批。运用向里的拉力，批料时，原料从刀腰进刀刃，向刀尖部移动断离。对韧性稍强的动物性原料常采用此法，如鸭脯、猪腰、猪肝、瘦肉等。

（4）锯批。锯批是推批和拉批刀法的结合运用，操作时持刀要平稳，下刀部位要准确，推、拉动作要协调一致。对韧性较强、软烂易碎或块体较大的原料常用此法，如面包、排骨等。

（5）波浪批。波浪批又叫抖刀批，刀刃进料后做上下波浪形移动。在烹饪过程中此刀法应用较少。一些固体性较好的原料可采用此法，如豆腐干、黄白蛋糕等。

（6）旋料批。旋料批即批料时一边进刀刃，一边将原料在墩面上滚动，专指对柱体原料的批片。旋料批可以取下较长的片，一般多用于植物性原料。

平刀法在运刀时用力要注意平衡，不应此轻彼重，以免产生凸凹不平的现象。

3. 斜刀法

斜刀法是指刀刃运行与原料保持锐角的一切刀法。成型原料具有一定坡度，以平窄扁薄的料形为最终料形，故行业中又称之为“斜批”或“斜片”。依据运刀时刀身与砧墩的角度，斜刀法有正斜刀法与反斜刀法之分。

（1）正斜刀法。正斜刀法即正斜批，右侧角度为锐角（40° ~ 50° ）。一般来讲，正斜刀法运用的是拉力，故又叫“斜拉批”。

正斜刀法适用于软嫩而略具韧性的原料，如鸭脯、腰片、鸭肫、鱼肉等原料的加工。

正斜刀法是切割柳叶片、抹刀片的专门刀法，能相对扩大较薄原料的坡度截面，增加与汤卤的接触面。在运刀时，要求两手同时相应运动，左手按料，刀走下侧，每批下一片即屈指取下，再按料再进刀，反复进行。

（2）反斜刀法。反斜刀法即反斜批，右侧角度为钝角（130° ~ 140° ）一般来说，反斜刀所用的是推力，故又叫“斜推批”。反斜刀法适用于具脆性且黏滑的原料，如熟牛肉、猪肚、葱段等的加工。反斜刀法运刀时，左手按料，刀身倾斜抵住左手指节。

斜刀批料较为一致、平稳，故一般上好原料皆采用斜刀批片，平刀批的片大多数还需进一步切割成更小的料形。

4. 剞刀法

使用不同的刀法作用于同一原料，在原料的表面切割成某种图案条纹，使之直接呈现花形，或因受热收缩、卷曲成花形，称之为剞刀或剞花。剞刀是刀工的特殊内容，经剞刀处理的原料除具有独特的形式美的特点之外，还具有缩短原料的成熟时间，使热穿透均衡，达到原料内外成熟、老嫩的一致性；便于原料在短时间内散发异味，并利于对卤汁的裹覆；扩大原料体表的面积，有利于调料渗透的作用。

在剞刀的过程中，大多是综合运用平刀法、直刀法、斜刀法，故亦称之为混合刀法。在这个意义上，剞刀的基本刀法可分为直剞、斜剞和混合剞 3 种。

（1）直剞。运用直刀法在原料表面切割具有一定深度刀纹的方法称为直剞。直剞适用于较厚原料。直剞的特点是：条纹短于原料本身的厚度，呈放射状，挺拔有力，适用于加工脆性的植物性原料和有一定韧性的动物性原料，如黄瓜、猪腰、鸡鸭胗肝、墨鱼等。

（2）斜剞。运用斜刀法在原料表面切割具有一定深度刀纹的方法称为斜剞。斜剞又有正斜剞与反斜剞之分，适用于稍薄的原料。斜剞的特点是：条纹长于原料本身的厚度，层层递进相叠，呈披复之鳞毛状，适用于加工有一定韧性的原料，如鱿鱼、净鱼肉等。

（3）混合剞。运用直刀法和斜刀法在原料表面切割具有一定深度刀纹的方法称为混合剞。混合剞适用于绝大多数的需剞花的原料。

5. 其他刀法

平刀法、直刀法、斜刀法、剞刀法之外的刀法统称为其他刀法。其他刀法中绝大多数属于不成型刀法，从而不是刀工的主体，大多数是作为辅助性刀法使用的。有些虽然能使原料成型，但由于应用受原料的局限而使用极少。这些刀法主要有削、剔、刮、塌、拍、撬、剜、剐、铲、割和敲等。

（1）削。左手持料，右手持刀，悬空切去老根或皮，常用于清理加工。削分为直削与旋削两种，后者常用于圆形瓜果和蔬菜。

（2）剔。将刀尖贴骨运行，使骨与肉分离，是拆卸加工的专门刀法。

（3）刮。刀身垂直，紧压料面，做平面横向运行，适用于去除附着于原料表层的骨膜及皮层毛根、鳞片和污物。按照刀势走向，刮又分为顺刮与逆刮。

（4）塌。刀身一侧紧压原料，斜刀做平面推进，将原料碾压成茸泥。细嫩软烂原料的茸泥皆运用此法，如虾仁、豆腐、熟土豆等。

（5）拍。刀身横平猛击原料，使之松裂，适用于对纤维较长、较为紧密原料的加工，如黄瓜、姜块、茭白等。

（6）撬。刀刃嵌入原料约 1/3，以刀身作为杠杆，拨开原料，料块表体有纤维的丝裂状，能提高原料对调味卤汁的吸附力。

（7）剜。尖刀插入原料中，旋转挖孔，用于去除虫眼及杂质。

（8）剐。刀顺骨臼做弧形运动，使关节的凸凹面分离。

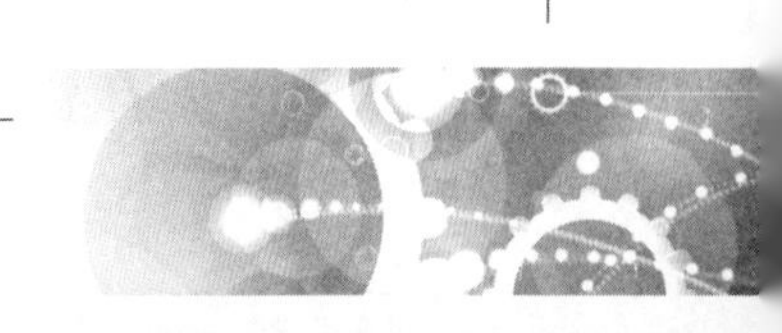

（9）铲。刀平刃向外，紧贴皮层，运用推力向前使皮与肉分开。

（10）割。运用推拉的方法，悬空将肉的某一部分从整体上取下。

（11）敲。用刀背猛击，使粗壮的长骨折断。

四、原料成型与规格

原料成型是指根据菜肴和烹调的不同需要，运用各种刀法，将原料加工成块、片、条、丝、丁、粒、末、茸、泥等形状的加工技法。

1. 块

块的成型可以通过切和剁的方法来实施。块的种类很多，包括长方块、菱形块、三角块、瓦形块、劈柴块，其选择主要根据烹调的需要以及原料的性质而定。

（1）长方块。长方块即长方体，其中呈正立方体，即六边边长均等的成为正方块，在菜肴中常将大方丁以上的料形称之为方块，用于制作红烧肉等菜肴。正方块的规格长、宽、高均为 3 cm。

长方块有烤方、酱方、蒸方、骨牌块四种料形。烤方是长方块中最大的形制，常用于肉的加工，如烤酥方。烤方的规格为长 25 cm，宽 20 cm，高 4 cm，重约 3 kg。酱方大小仅次于烤方，为长方块中第二大形制，常用于肉的加工，卤方、熏方皆属此类，适用于炖、焖。酱方的规格为长 16 cm，宽 13 cm，高 3 cm，重 500 ~ 750 g。名菜有酱方、火方、枣方、松子熏方、松子肉、四喜肉、东坡肉等。蒸方是长方块中的第三大形制，适用于鸭、鱼及冬瓜等。蒸方为蒸制常用方形，其中瓜方的规格为长 6 cm，宽 4 cm，高 2.5 cm，鱼方、鸭方略小些，规格为长 5 cm，宽 3 cm，高 2 cm。骨牌块是长方块中的最小形制，形状大小如骨牌，故得名。由于其形状较小而不称方，其规格为长 2.5 cm，宽 2 cm，高 1.5 cm。加工成骨牌块的原料适用于炸、熘、烧、烩等。常将排骨加工成骨牌块形，如糖醋排骨。

正方块与长方块皆是依据原料原厚度而确定其高度的，因此，其高度不定，而长度和宽度则具有一定的规律性。若长度超过宽度 2 倍以上者，则称之为条块。

（2）菱形块。菱形块边长相等，由相对钝角、锐角构成，又叫“象眼块”，多用于脆性植物原料的成型，在烧、烩类菜肴中经常使用，也用于冷盘造型，如肴肉、羊膏、酱牛肉、熟鸭脯等，规格通常以每边不超过 2.5 cm 为宜。

（3）正三角块。正三角块的两腰边长相等，边长不超过 3 cm，块面平整，常用于豆腐及豆腐干。

（4）滚料块。滚料块适于球体和柱体原料的块形，长 3 ~ 4 cm，是两头小而尖的不规则三角块，其刀工为滚料切法，每滚动一次就切一刀，常用于青笋、胡萝卜等的成型。

（5）梳背块。梳背块又称橘子瓣块、梳子块，形状半边圆半边直，一边厚一边薄，滚料的角度较切滚料块时滚动的角度小，因而加工后的原料体薄较小。

（6）瓦形块。瓦形块即形似中国旧式小瓦的块形，由正斜刀法产生，宽度两端形成弓形弧度，长不超过 6 cm，常用于熘瓦块鱼、熏鱼的原料加工。瓦形块取自鱼体的自然形态，采用斜刀法使之正反两端具有较大坡度截面，而相对变薄，因此也常用脆熘的方法制熟。

总的说来，块的形状一般较大，既包括用主料加工的块，也包括用配料加工的块，大都适用于中、小火，长时间加热的菜肴。

2. 段

将柱形原料横截成自然小节叫段，如鱼段、葱段、芸豆段、山药段等。由于原料自然形体的关系，段没有宽窄的限制，如鱼段的宽度可超过长度。

段没有明显的棱角特征，保持原来物体的宽度是段的主要特征。段的长度有一定的规格，分别为 3.5 cm、4.5 cm 和 5.5 cm 3 种。前 2 种可做炒菜的料形，后 1 种可做大菜的料形。

在刀法的运用中，段可用直刀法与斜刀法产生。因此，在形态上，段可分为直刀段与斜刀段两种。

（1）直刀段。直刀段即运用直刀法加工的段，多用于柱形蔬菜和鱼。在多数情况下，直刀段可再加工成更小的料形，其用法与块相同。

（2）斜刀段。斜刀段即运用斜刀法加工的段，多用于葱、蒜等管状蔬菜。运用反斜刀法的段称之为“雀舌段”，用于炒、爆菜的辅料料形。

3. 片

具有扁薄平面结构特征的料形被称为片。运用平刀法、直刀法和斜刀法皆可制作片，片形最为复杂多样。

（1）长方片。长方片具有长方形结构，规格有大、中、小 3 等。大号规格为长 6 cm，宽 2 cm，高 0.2 cm，为大菜料形，适用于扒、蒸、烩菜肴的辅料料形；中号规格为长 5 cm，宽 2 cm，高 0.2 cm，常用于冷菜刀面料形；小号规格为长 3.5 cm，宽 1.5 cm，高 0.2 cm，常用于热菜配料。

（2）柳叶片。柳叶片两头微尖，中间略宽，片体较薄，形似柳叶，规格为长 5 cm，宽 1.5 cm，高 0.1 cm。柳叶片从禽类胸肌或畜类里脊等肌肉上横或斜向取片，用于滑炒或汆。

（3）玉兰片。玉兰片一头微圆而宽，一头微尖而窄，片体较薄，形似玉兰花瓣，规格为长 5 cm，宽 2.5 cm，高 0.2 cm。玉兰片从鱼类轴上肌斜向取片，用于滑炒，如黑鱼片。

（4）长条片。长条片形体略长而窄，正反斜刀法皆可取，体壁较厚，适用于大菜。长条片常用于油发肉皮、鱼肚或熟肚取片，可烩制，长约 6 cm，宽约 2.5 cm，厚度依所用原料而定。

（5）菱形片。菱形片从菱形条、块上直切取片，大菱形片为大菜料形，一般从水发鱼皮、鱿鱼、鱼裙等原材料上取片，用于扒、烩，边长为 6 ~ 8 cm。小菱形片多用于热菜的配料，规格近似于小号长方片。

（6）月牙片。将柱形或球形原料剖开取片，半圆如月牙，一般以原料的半径决定其大小，如藕、黄瓜、土豆、青笋等。加工方法是先将整体原料切成两半，再顶刀切成片。用于热碟时的料形长度不超过 4 cm；香肚、捆蹄半径较长，用于冷碟料形。

（7）夹刀片。夹刀片即一刀断、一刀不断，两片相连的片形，大小视原料而定，常用于茄盒、藕盒、夹沙肉等。

（8）佛手片。佛手片在扁薄原料上取片，五刀相连，因受热卷曲形似佛手而得名，又称龙爪。佛手片用于炝、拌、炒、爆，菜品有佛手罗皮、龙爪长鱼、蓑衣黄瓜等，规格为长 3.5 cm，宽 2 cm。

（9）三角片。三角片又称尖刀片，从三棱柱体的原料上直切取片，多用于热菜的配料，既可以是规则的，也可以是不规则的，其大小、厚薄近似于长方片。

4．条与丝

将加工成片状的原料再切成细长的形状，即为条或丝。条粗于丝，两者截面均呈正方形。

（1）条。一般将粗 0.5 cm × 0.5 cm 以上和 1.5 cm × 1.5 cm 以下，长 3.5 ~ 4.5 cm 的细长料形称为条，有粗条、中粗条、细条 3 个基本等级。

1）粗条。粗条粗约 1.5 cm × 1.5 cm，长 3.5 ~ 4.5 cm，因其粗如手指，故又称为“指条”。粗条一般不作为终结料形，需再加工成丁，如鸭丁。有时亦不再进行加工，用于扒、炖，如扒羊肉条。

2）中粗条。中粗条粗 1 cm × 1 cm，长 3.5 ~ 4.5 cm，因粗如笔杆，故又称为“笔杆条”。中粗条一般用于熘、炒、烩等，也用于冷盘料形，如卤笋条、酱汁茭白等。根据需要中粗条也可加工成丁。

3）细条。细条粗 0.5 cm × 0.5 cm，长 3.5 ~ 4.5 cm，因粗如竹筷，故又称为“筷子条”。细条一般用于炒、烩等，如鱼条。根据需要细条也可再加工成丁。

（2）丝。一般情况将细于 0.3 cm × 0.3 cm 以下，长 4.5 ~ 5.5 cm 的细长料形称之为丝，有粗丝、中细丝、二细丝 3 个基本等级。

1）粗丝。粗丝粗约 0.3 cm × 0.3 cm，长 4.5 ~ 5.5 cm，因细如绒线，故又称为“绒线丝”，用于炒、烩、汆等。收缩率大或易碎的原料宜切此形，如牛肉、鱼肉等。

2）中细丝。中细丝粗 0.15 cm × 0.15 cm，长 4.5 ~ 5.5 cm，因细如火柴梗，故又称为“火柴梗子丝”。收缩较小、具有一定韧性的原料宜切此形，用于炒、拌、汆等。

3）二细丝。二细丝粗 0.1 cm × 0.1 cm 以下，长 4.5 ~ 5.5 cm，因细如麻丝，可穿过针眼，故又称为“麻线丝”。二细丝适用于固体性强的原料，主要有姜丝、菜叶丝等。通常非特殊需要不采用此料形。

条与丝虽形式相近，但切法不同。条一般由厚片加工而成，较粗，一般采用单片切的方式；丝一般由薄片加工而成，较细，一般采用叠片切的方式。由于原料的不同，具体加工时有所区别。丝的加工方法有卷切式、铺切式和叠切式 3 种。

卷切式是将原料卷成柱形，再切成丝，适用于对薄而韧的大张原料的加工，如百叶、蛋皮等。铺切式是将原料铺成整齐的瓦楞形，再切成丝，肉类原料宜用此法。叠切式是将原料叠成方正的墩，再切成丝，适用于软、脆嫩性原料，如豆腐、白菜等。

一般说来，丝的长度较条要略长一些。片的形状是条、丝形状的基础，应保证片形的平整均匀，厚薄一致。在切条或切丝时，要拿稳刀具，应保证条或丝的两端粗细一致，防止钉子头、扁形、蜂腰等现象的出现。在切条或切丝时，应保证条或丝根根分清，互不粘接，并防止碎头过多。对于动物性的原料，在切条或切丝时，应注意其纹理。不宜铺叠过厚，并勤洗、勤刮墩面。

5．丁、粒、末

丁、粒、末三种料形分别从相应的条或丝加工而成。

（1）丁。由条形原料上截下的立方体料形统称为丁，分大丁、小丁两种。

大丁由粗条加工而成，又称拇指丁，常用于熘、炒、炸等，如鸭丁、肉丁等。

小丁由细条加工而成，又称黄豆丁，常用于炒或制作馅心等。

（2）粒、末。由丝状原料上截下的立方体料形称为粒或末。粒由粗丝加工而成，末由细丝加工而成，粒比末大。

以粒状原料制成的菜肴有松子牛柳粒、滑炒鸽松等，亦可做成肉糜料形，为粗茸。粒多适用于肌肉原料，如肉粒；末多适用于植物原料，如姜末、葱末、蒜末、白菜末等。

粒状、末状原料既可以做主料、配料、辅料，也可以用于制作馅心等。

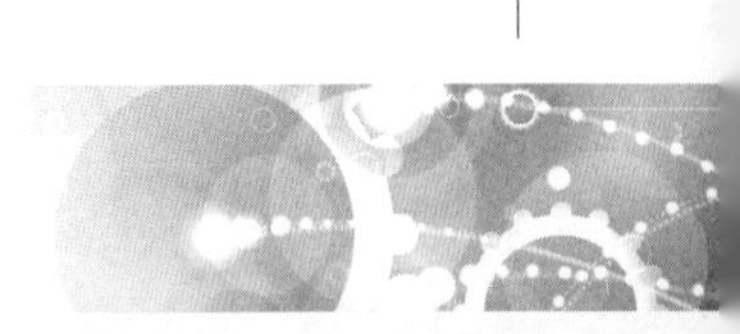

第9章

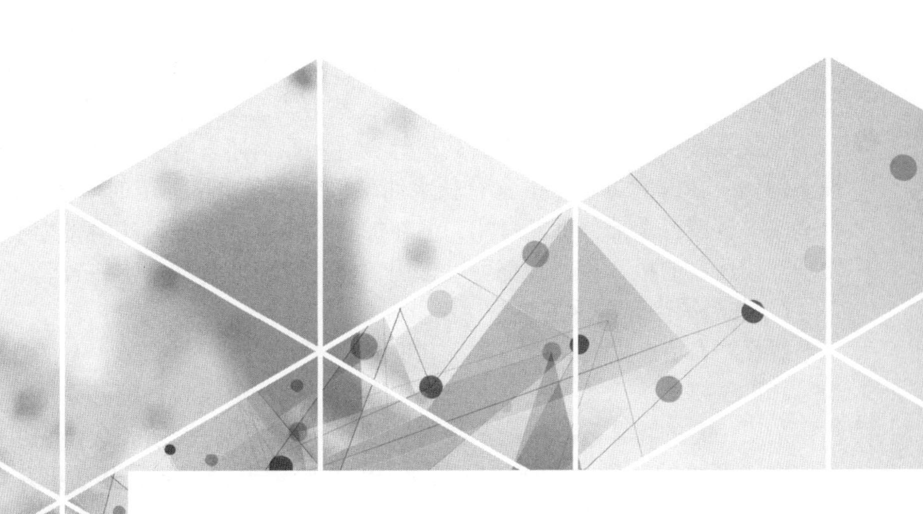

原料初加工

蔬果类原料初加工

一、蔬果类原料初加工要求

新鲜蔬菜属植物性原料，是人们膳食结构中食用最为广泛的一类烹饪原料，也是人体维生素、矿物质和膳食纤维的主要来源，新鲜蔬菜既能做菜肴主料，也能做菜肴配料。

1．按蔬菜的种类和食用部位合理加工

蔬菜的种类不同，其食用部位也不一样。因此，对其应采用不同的加工整理方法，去除不能食用的部分。如叶菜类蔬菜必须去掉老根、老叶、黄叶等，根茎类蔬菜要削去或剥去表皮，果菜类蔬菜需刮削外皮、挖掉果心，鲜豆类蔬菜要摘除豆荚上的筋络或剥去豆荚外壳，花菜类蔬菜需要摘除外叶、撕去筋络等。有些原料还含有一些特殊的成分，加工时应特殊处理。例如，新鲜的黄花菜中含有秋水仙碱，因此在初步加工时应蒸煮透，以除去秋水仙碱。有些原料虽然各个部分都能食用，但在加热成熟过程中或调味时发生不同的变化，应该灵活处理。如药芹的根、茎、叶都可以食用，但其成熟的时间却不一致。

2．洗涤得当，确保卫生

蔬菜外表沾有很多杂质污物，有虫卵、腻虫、泥沙、病菌，有的蔬菜还可能有残留的农药等。这就要求洗涤蔬菜的方法要得当，如有的蔬菜原料要掰开来洗，以清除夹在菜叶中的污秽杂质，有的蔬菜需用淡盐水浸泡，反复冲洗，以去掉农药残留和虫卵等。洗涤好的蔬菜要放在能沥水的盛器内，或放置在加罩的清洁架上，以防止其沾染灰尘等杂质，并排码整齐，以便后续的切配加工。

3．科学加工，保持营养

蔬菜中的许多营养素是水溶性的，如水溶性的维生素 C、B 族维生素、矿物质。若在初加工时方法不当，则很容易使蔬菜类原料的营养素流失。加工时要注意以下两点。

（1）先洗后切。强调先洗后切，主要是为了防止营养素在洗涤时从刀口处流失。在实际操作中要尽量避免洗前先切。否则，很容易造成蔬菜营养素流失。

（2）切后即烹。切好的蔬菜长时间不烹调，会使蔬菜创面因长时间接触空气而发生氧化，使蔬菜的营养素损失。

二、叶菜类蔬菜的初加工

叶菜类蔬菜是指以植物鲜嫩的茎叶作为食用部位的蔬菜，常见的有大白菜、小白菜、青菜、菠菜、卷心菜、油菜、韭菜、生菜等。其初加工主要是择剔、整理和洗涤，其中择剔主要是择除不能食用的部分。

1. 择剔、整理

将蔬菜原料中的黄叶、老叶、枯叶、老帮、老根、污物、杂草、泥沙等不能食用的部分择除、剔掉，并进行初步整理是非常重要的工序。择除的部位和方法，因蔬菜品种的不同而不同，要求也不一样。

（1）菠菜、白菜、韭菜、油菜、苋菜、青菜等叶菜类蔬菜，主要择去老根、黄叶、枯叶，剔去泥土、杂质。油菜的初加工过程如图 9—1 所示。

a）

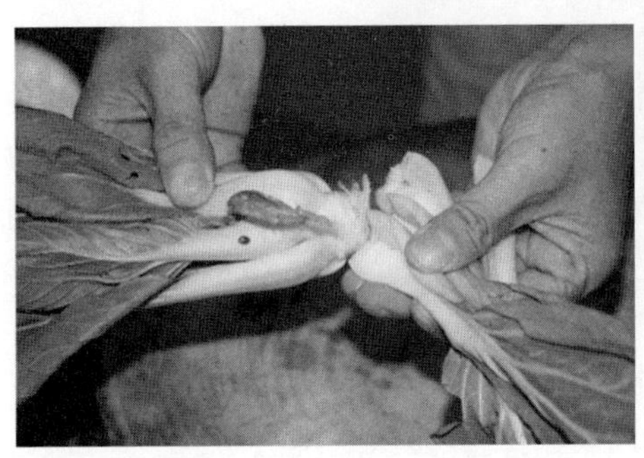

b）

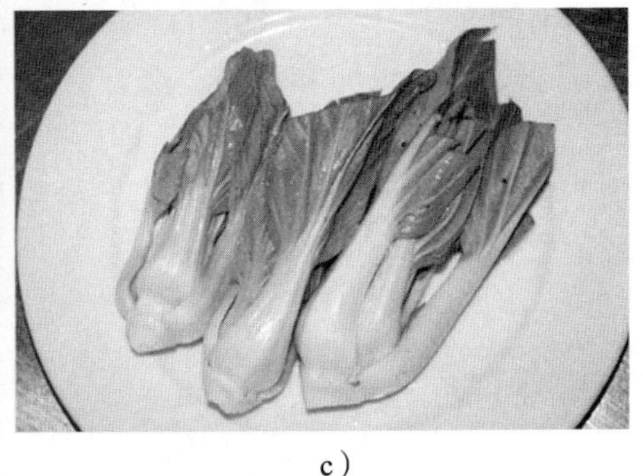

c）

图 9—1　油菜的初加工

a）择除老根　b）择除黄叶、枯叶　c）加工完成

（2）芹菜要择去菜叶，撕去老筋等，如图 9—2 所示。

2. 洗涤

将择剔、整理好的蔬菜用清水洗涤。洗涤时，应根据季节、蔬菜品种和用途的不同，分别采用不同的洗涤方法。一般有冷水洗涤、盐水洗涤、高锰酸钾溶液洗涤 3 种方法。

（1）冷水洗涤。此方法适用于对大多数蔬菜的洗涤。具体方法是：将择剔、整理后的蔬菜在清水中浸泡、清洗，以除去泥沙等污物。根据情况进行反复冲洗，直至干净为止。最后将清洗干净的蔬菜置于清洁的盛器中沥干水。

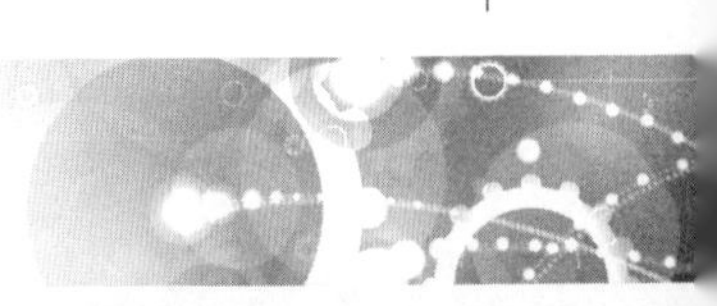

a）　b）

c）　d）

图 9—2　芹菜的初加工

a）芹菜　b）切去老根　c）去叶　d）洗净待用

（2）盐水洗涤。此方法适用于对夏秋季上市的新鲜蔬菜的洗涤。此季节蔬菜的叶片或叶柄表面带有较多的虫卵或腻虫，使用冷水洗涤很难将其清除。采用盐水洗涤（见图 9—3）蔬菜，可使蔬菜上的虫卵和腻虫的吸盘在盐水的作用下收缩、脱落，从而洗掉蔬菜上的虫卵和腻虫。具体方法是：将择剔、整理后的蔬菜先放入 2% 浓度的食盐溶液中浸泡约 5 min，然后用清水反复冲洗干净。用盐水洗涤蔬菜时，不宜将蔬菜在盐水中浸泡过长时间，否则会影响蔬菜原料的质量。

图 9—3　盐水洗涤

（3）高锰酸钾溶液洗涤。此方法主要适用于生食凉拌的蔬菜，如生菜、大白菜等。各种烹饪原料在初加工之前，或多或少地会带有一些细菌、病毒。生食凉拌的原料因不再加热，更要注意卫生，以确保食用者的健康。采用高锰酸钾溶液洗涤蔬菜可将叶片上的细菌杀死，有效防止各种传染性疾病。具体洗涤方法是：将择剔、整理后的原料放入 0.3% 浓度的高锰酸钾溶液中浸泡 5 min，再用清水洗涤干净。最后，将洗涤干净的蔬菜放置在清洁的盛器内，防止细菌、病毒或其他杂物的再次污染。

三、根菜类蔬菜的初加工

根菜类蔬菜是指以植物的根部为食用部位的蔬菜，如山药、萝卜、胡萝卜、根用芥菜、根用甜菜等。其加工方法为：清洗干净后，进行削皮整理，再用清水洗净。

1．带皮清洗

清洗根菜类蔬菜应边洗边冲，对于不易清洗干净的该类蔬菜，应根据情况多洗几遍。有些根菜类蔬菜如萝卜、胡萝卜等，泥土较多，不易洗净，可以在清水中浸泡片刻再进行清洗。

2．削皮、整理

根菜类蔬菜应根据烹调要求削去外皮，切掉老根（有些根菜类蔬菜比较鲜嫩，可不去皮、不切根）。一般根茎类蔬菜大多含有一定量的鞣酸（单宁酸），去皮后鞣酸与空气直接接触容易氧化变色，如山药、藕等去皮后容易氧化变色。因此，这类蔬菜去皮后应立即浸入清水中浸泡，隔绝与空气的接触，以防变色而影响菜肴的色泽。山药的初加工操作如图 9—4 所示，萝卜的初加工如图 9—5 所示。

图 9—4　山药的初加工（削皮）

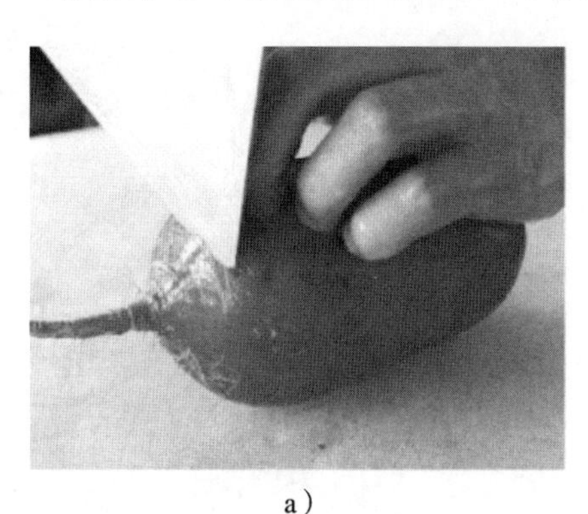

a）

b）

图 9—5　萝卜的初加工

a）去头尾　b）削去外皮

3．整理后清洗

将整理后的根菜类蔬菜用清水洗涤干净。此外，有的蔬菜还需要根据烹调的要求在制作前进行焯水处理。

四、茎菜类蔬菜的初加工

茎菜类蔬菜是以植物的茎部作为食用部位的蔬菜，如冬笋、春笋、茭白、莴笋、土豆、芋艿等。其加工方法与根菜类蔬菜相似，即将茎菜类蔬菜外表的壳、皮去掉，切掉老茎，剔除不能食用的部分，然后用清水洗净即可。有的蔬菜还需要根据烹调的要求在制作前需进行焯水处理。焯水时，要用冷水下锅，慢火煮熟，然后用冷水浸漂备用。

1．茭白的初加工

茭白初加工时，先削掉根，去掉表皮和筋，用清水洗净，再进行细加工。茭白初加工操作如图 9—6 所示。

2．洋葱的初加工

洋葱初加工时，先削去老根，然后剥去外部老皮，最后用清水洗净，如图 9—7 所示。

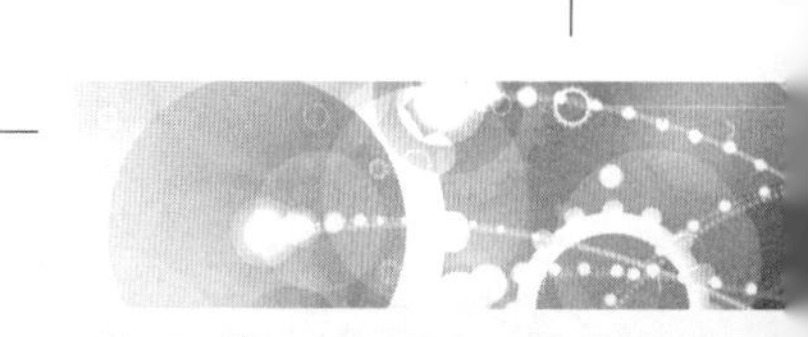

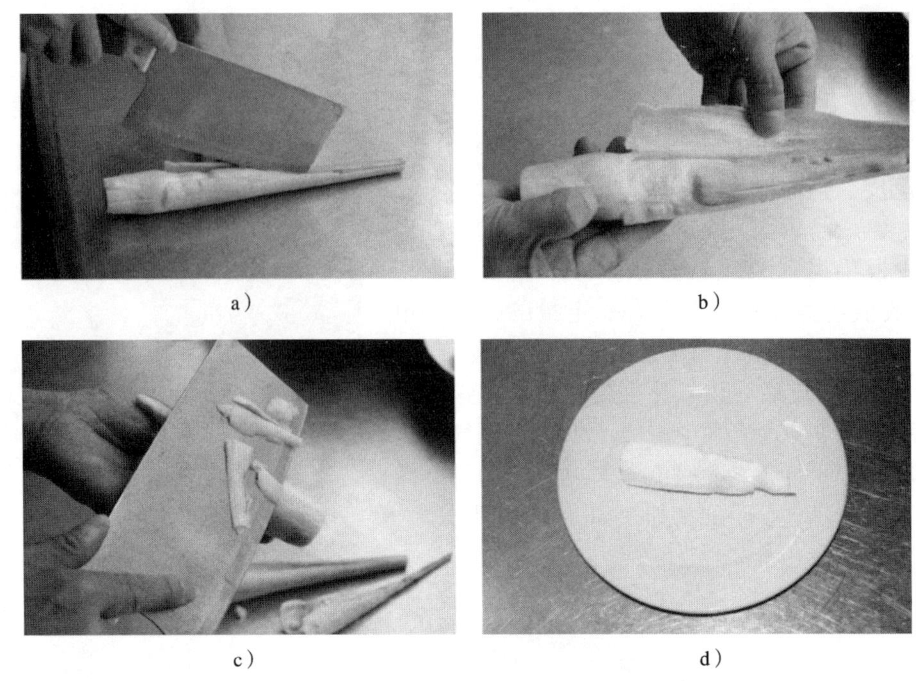

图 9—6 茭白的初加工

a）切开外皮 b）除去外皮 c）削去老皮 d）初加工完成

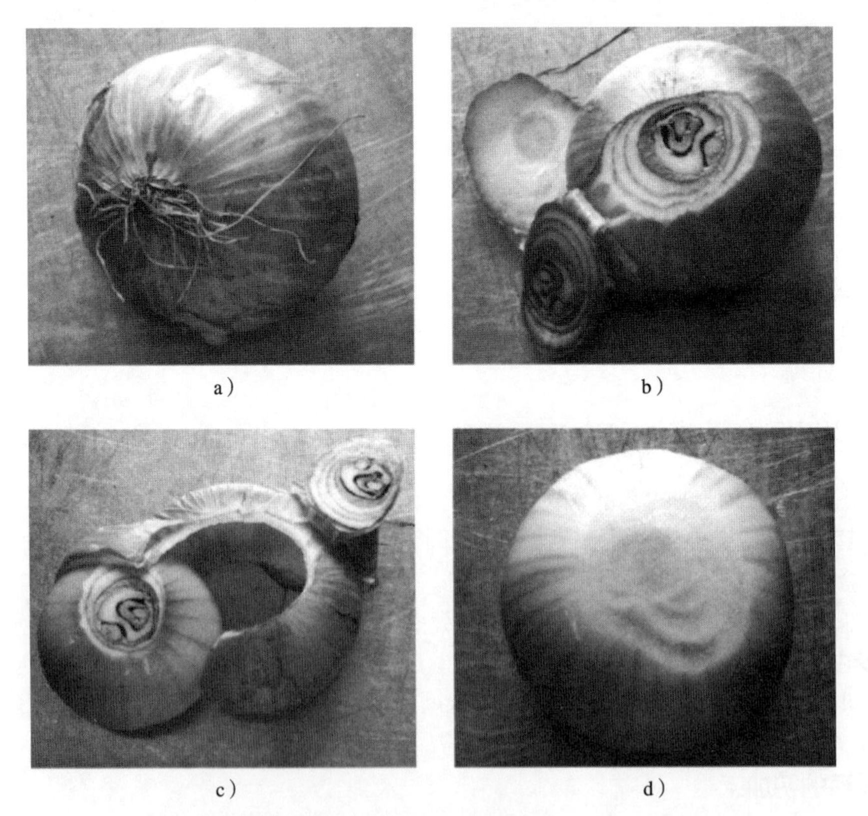

图 9—7 洋葱的初加工

a）洋葱 b）削去老根 c）剥去外部老皮 d）清水洗净待用

3．藕的初加工

藕初加工时，用刀切去藕的根部，随后用刀刮去藕表面的黑衣。将藕用清水冲洗，如果孔内污泥多而无法洗净，可用筷子或竹针穿入藕孔内，边捅边冲洗。如果污泥多且厚，无法捅出，可用刀沿着藕孔切开冲洗，然后浸泡在水中备用，如图 9—8 所示。

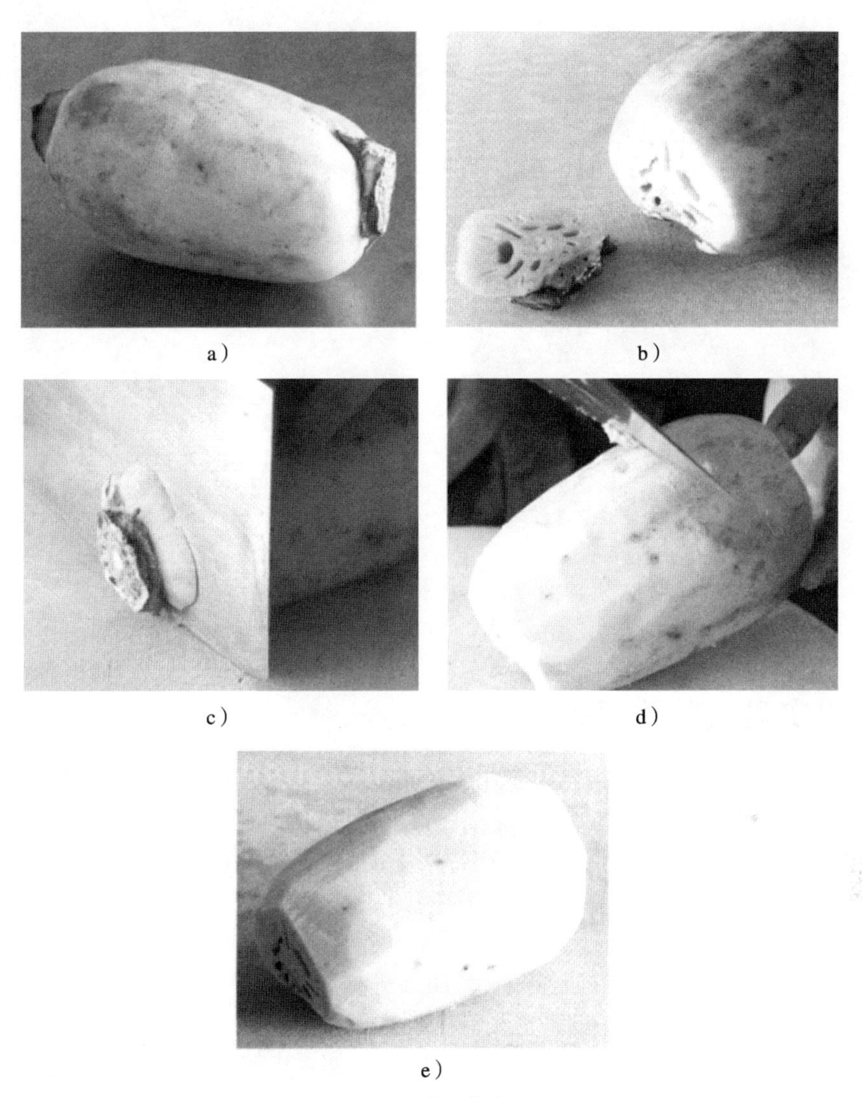

a） b） c） d） e）

图 9—8　藕的初加工

a）藕　b）、c）切去根部　d）削（刮）去外皮　e）清水洗净

五、花菜类蔬菜的初加工

花菜类蔬菜是以植物的花部器官为食用部分的蔬菜，如黄花菜、花椰菜、韭菜花等。其初加工时一般去其茎叶、花蒂，冷水洗净或开水焯即可。

花菜加工时，先去除花蒂、花心和茎叶，再将花瓣取下，如图 9—9 所示。整理之后的花菜，先用清水漂洗干净，一般再用开水焯水后，再一次用清水洗涤干净即可。洗涤时要保持蔬菜原料的完整。

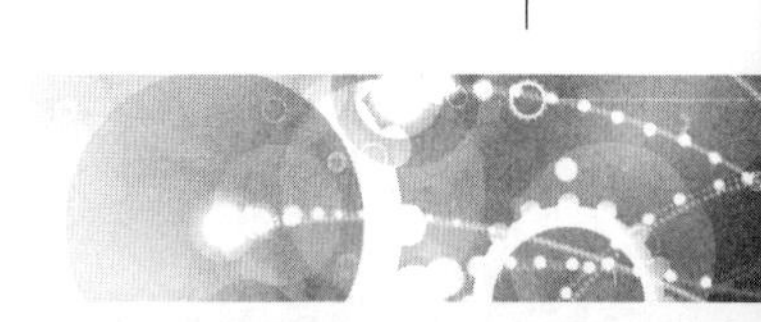

a） b）

c） d）

图 9—9 花菜的初步整理

a）去花蒂 b）去花心 c）将花瓣取下 d）整理完毕

六、果实类蔬菜的初加工

果实类蔬菜是指以植物果实作为食用部位的蔬菜，果实类蔬菜按其生长成熟特点可分为茄果类、豆类和瓜果类。具体加工时，根据原料种类的不同，加工处理方法也稍有区别，有的需要去皮、去花蒂，有的仅需要去花蒂而不需要去皮，有的需要去掉籽瓤。具体操作方法如下。

1. 茄果类蔬菜的初加工

茄果类蔬菜的主要品种有番茄、茄子、甜椒等，其初加工包括去皮、去花蒂、去籽瓤、洗涤等主要工序，具体根据蔬菜的种类稍有区别。

（1）茄子的初加工。茄子洗净后去掉蒂柄即可。如果皮较硬，也可以削皮。

（2）西红柿的初加工。先将西红柿用清水洗净，再除去蒂即可。如需去除外皮，可用开水略烫，入凉水浸泡后，撕去外皮即可。

2. 豆类蔬菜的初加工

豆类蔬菜的主要品种有四季豆、豌豆、青豆等，其初加工方法是去掉两端的荚头，用水洗净，如图 9—10 所示。

3. 瓜果类蔬菜的初加工

瓜果类蔬菜的主要品种有黄瓜、南瓜、冬瓜、丝瓜、苦瓜等，其初加工方法与茄果类相似。冬瓜初加工时，先洗刷掉其表面的泥沙和茸毛，削去表皮。再将其由中间切开，分成四瓣，刮去籽瓤，洗净即可，如图 9—11 所示。

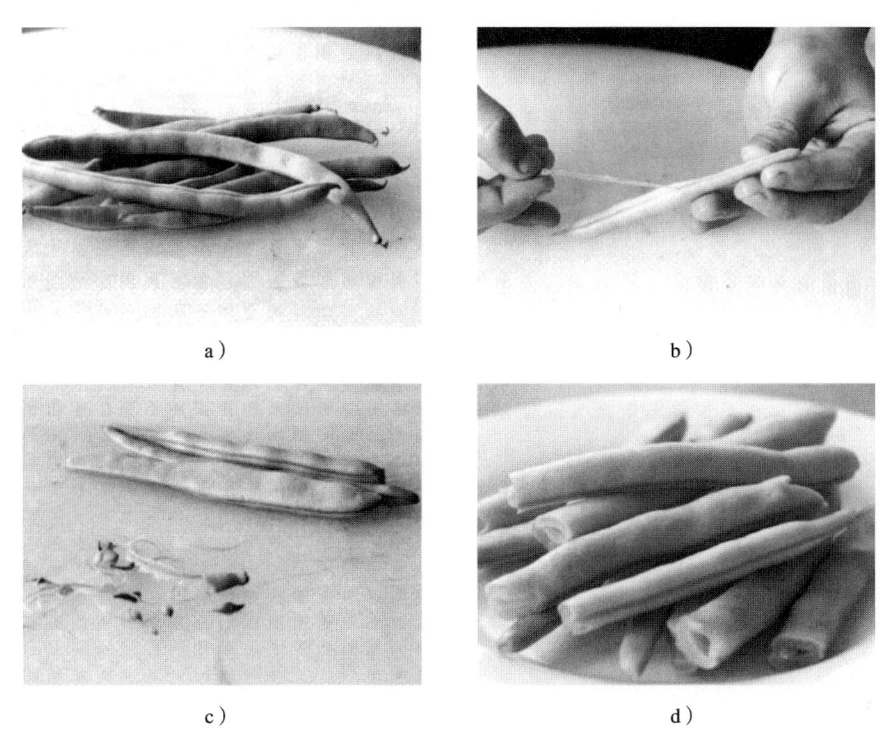

a） b）

c） d）

图 9—10 豆荚的初加工

a）择除杂物、虫蛀 b）、c）剔除荚头及筋膜 d）用清水洗净待用

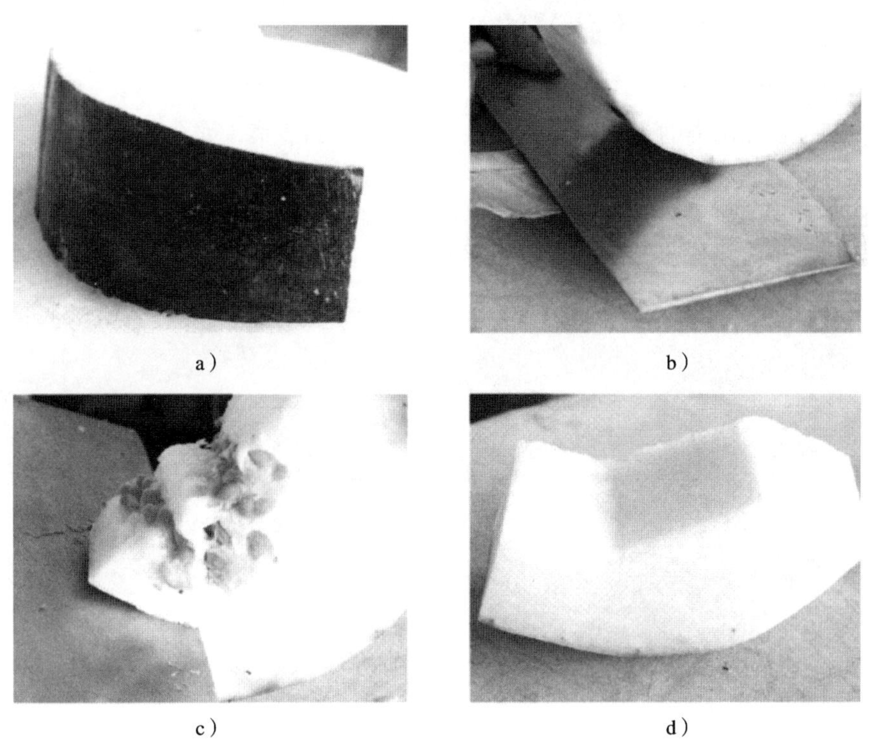

a） b）

c） d）

图 9—11 冬瓜的初加工

a）切去瓜蒂 b）削去老皮 c）剖开去瓜瓤 d）用清水洗净待用

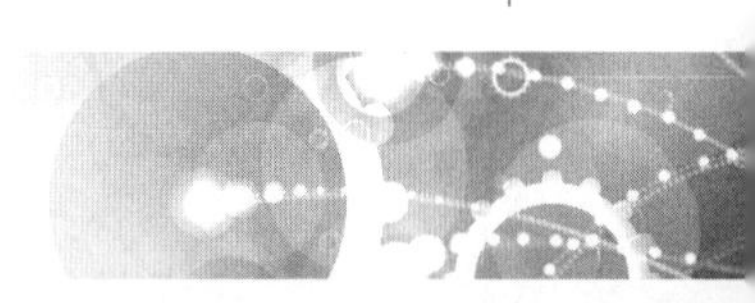

黄瓜初加工时，用清水洗净即可，如果皮较硬，也可削皮，如图 9—12 所示。

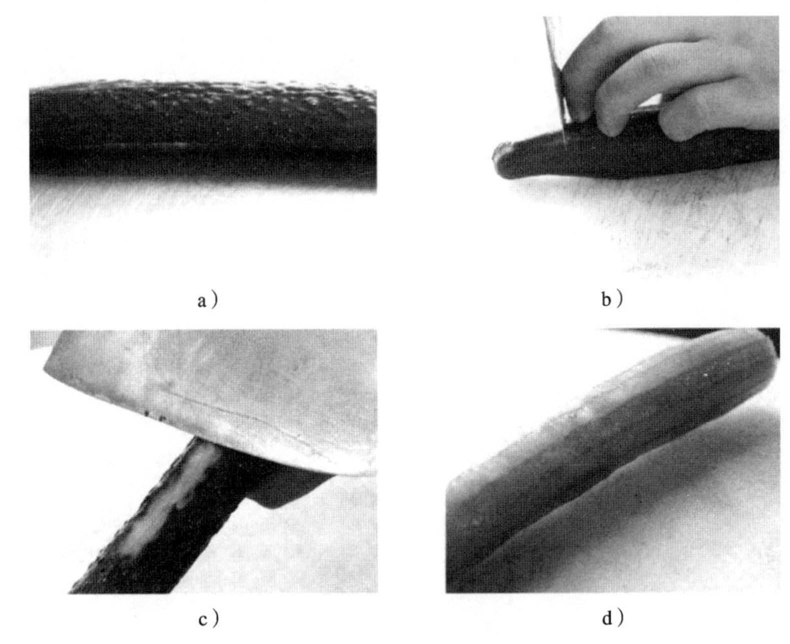

a）　b）　c）　d）

图 9—12　黄瓜的初加工

a）洗净黄瓜　b）切去瓜蒂、花托　c）削（刮）去表皮　d）初加工完成

七、菌类蔬菜和藻类蔬菜的初加工

1. 菌类蔬菜的初加工

菌类蔬菜是指以菌类的伞冠部、子柱部为食用部分的蔬菜，如金针菇、香菇、草菇、白灵菇、杏鲍菇等。其初加工包括初步整理、洗涤工序。

（1）初步整理。菌类蔬菜的初步整理是指去掉子柱下部硬根，剪掉老根或将菌冠取下。例如，香菇的初加工操作步骤如图 9—13 所示。

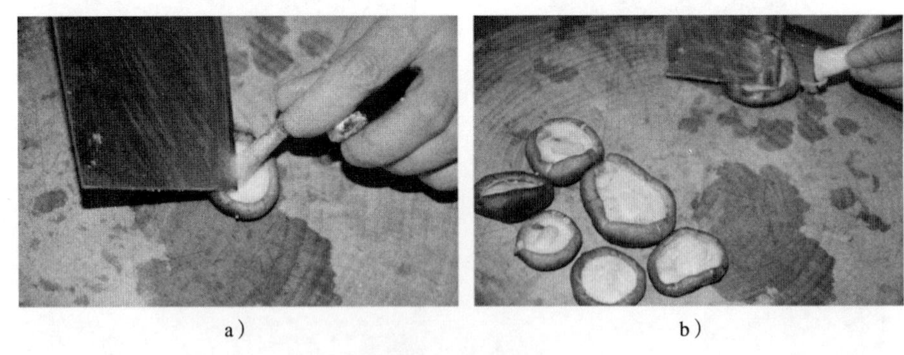

a）　b）

图 9—13　香菇的初加工

a）去掉子柱　b）菌冠

（2）洗涤。将初步整理后的菌类蔬菜用清水漂洗干净即可。洗涤时要注意保持原料的完整。

2. 藻类蔬菜的初加工

藻类蔬菜是指以藻类植物的叶为食用部分的蔬菜，如海带、石花菜、鹿角菜等。其初加工包括初步整理、洗涤工序。

（1）初步整理。藻类蔬菜的初步整理是指根据原料的品质去除杂质和老根。

（2）洗涤。将初步整理后的藻类蔬菜用清水反复漂洗，去净泥沙即可。洗涤时要注意保持蔬菜的完整。此外，洗涤海带时也可用热水浸泡 2 ～ 3 h，再洗净泥沙即可。

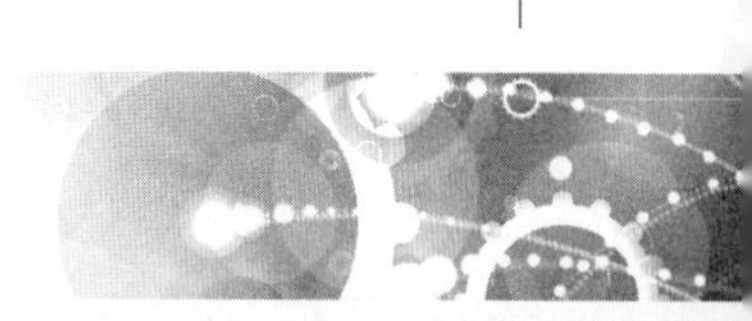

禽类原料初加工

禽类原料的组织结构大致相同，因此，初加工的方法也基本相同，一般都要经过宰杀、烫泡、煺毛、开膛取内脏、洗涤几个环节。此外，禽类原料初加工还包括禽类内脏的初加工以及分档取料和整料出骨。本节主要以鸡的初加工为主进行介绍，其他禽类原料的初加工作为补充。

一、禽类原料初加工的质量要求

1. 宰杀时必须割断血管、气管，放净血

宰杀禽类时，如果禽类气管没有割断，禽类就不能很快死亡，将会影响以后初加工的进行。另外，如果禽类血管没有割断，禽类的血液放不尽，可使肉色发红，影响菜肴成品质量。

2. 煺净禽毛

禽类的毛是否煺净是判断初加工质量好坏的重要标准，其技术要求较高，既要煺净禽毛，又要保证禽皮完整无破损，以免影响菜肴的整体形态。这一环节的关键在于控制好烫泡时的水温和烫泡时间，要根据禽类的品种、老嫩和加工季节的变化灵活掌握。禽类烫泡的用水量以淹没禽类为宜，具体烫泡水温和时间应把握以下几点。

（1）质老的禽类，烫泡水温应高一些，烫泡时间也应长一些；质嫩的禽类，烫泡水温应低一些，烫泡时间也应短一些。例如，鸭、鹅等水禽类烫泡时间可长一些，烫泡水温略高；鸡、鸽子、鹌鹑等禽类烫泡时间相对短一些，烫泡水温略低。

（2）冬季烫泡水温应高一些，烫泡时间应长些；夏季烫泡水温应低一些，烫泡时间应短些；春秋季节烫泡水温应适中。

此外，煺毛时也要耐心、细致。有些正值换毛期的禽类，有许多绒毛，这些绒毛要用镊子仔细去除干净。

3. 洗涤干净

宰杀后的禽类必须洗涤干净，特别是腹腔，要反复冲洗，去净血污。若初加工后的禽类原料不符合卫生要求，则会直接影响菜肴质量。尤其应对禽类口腔、颈部刀口处、腹腔、肛门等部位进行重点冲洗，确保原料的卫生。禽类的内脏也要反复清洗，以去尽污物。有的部位或内脏还须用盐搓洗，以去除黏液和异味。

4. 做到物尽其用

在禽类的初加工中，除了胆、素囊、气管、淋巴必须丢弃以外，其他各部分均可利用。例如，肫、肺、心、肠等都可用来烹制菜肴，头、爪可吊汤或制成卤、酱制品等，肫皮可供药用，肝、肠、心和血液可用来烹制菜肴，禽毛可加工成羽绒制品。因此，在初加工时，要注意加以利用，不能随意丢弃。

二、禽类原料初加工方法

1. 禽类初加工

禽类原料的初加工过程较为复杂，要求也较严格，必须按照正确的步骤进行。具体初加工的方法主要体现在宰杀、烫泡和煺毛、开膛取内脏几大环节。下面以活鸡的初加工为例进行详细讲解。

（1）宰杀。宰杀前准备一个碗，碗内放少许盐和适量清水备用。宰杀时用左手握住鸡翅（见图 9—14a），小拇指勾住鸡的右腿（见图 9—14b），大拇指和食指捏住鸡颈皮并反复向后收紧，使其气管和血管凸起在头颈部（见图 9—14c），用右手拔去颈部刀口处鸡毛，用刀割断鸡的气管和血管，刀口要小（见图 9—14d），右手捏住鸡头并使其下垂，左手抬起鸡身，使鸡成倒立状，使鸡血流入盛器内（见图 9—14e），再将血液与盐水搅匀即可。

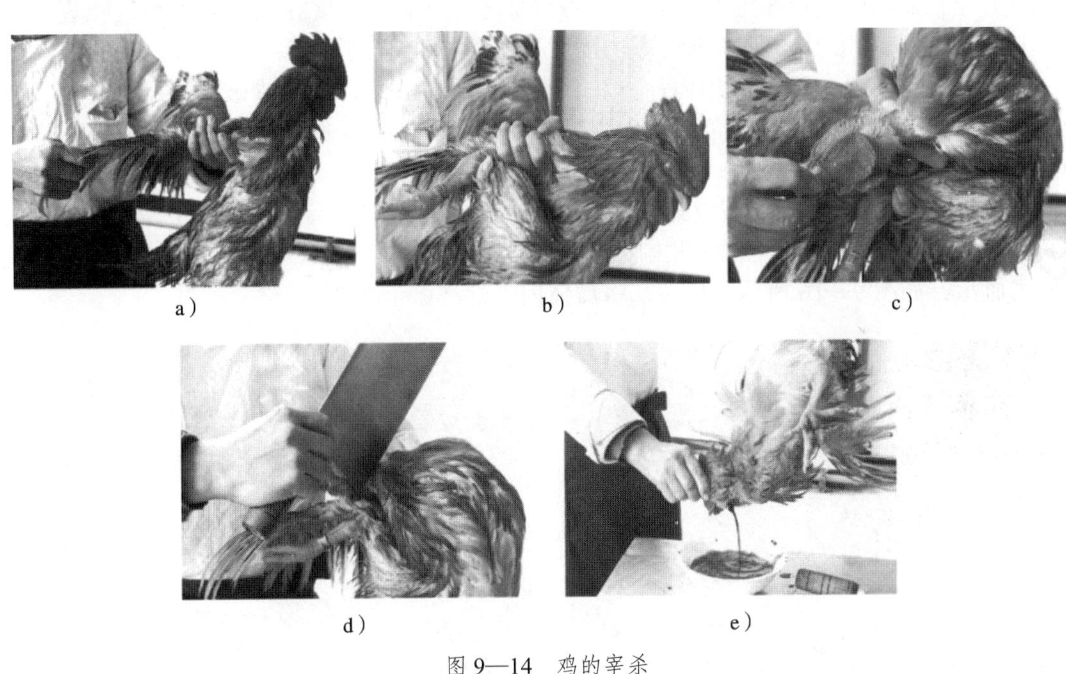

a） b） c）

d） e）

图 9—14 鸡的宰杀

a）左手握住鸡翅 b）小拇指勾住鸡的右腿 c）大拇指和食指捏住鸡颈皮

d）用刀割断鸡的气管和血管 e）右手捏住鸡头使鸡血流入盛器内

（2）烫泡和煺毛。宰杀后，待鸡完全停止动弹后，方可进行烫泡、煺毛。烫泡过早会引起鸡肉痉挛而造成破皮，过迟则鸡体僵直，毛不易煺掉。烫泡时水温要适中，一般为 70 ~ 80℃，冬天水温为 75 ~ 80℃，春秋季为 70 ~ 75℃；水量要充足，保证将鸡体烫匀、烫透，尤其是鸡的头部、腋下、脚部老皮等。通常，先烫双脚，撕去鸡爪皮；再烫鸡头，剥去鸡喙壳；最后烫翅膀和身体。烫泡如图 9—15 所示。

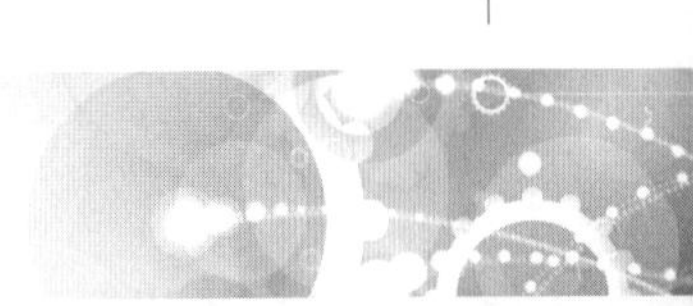

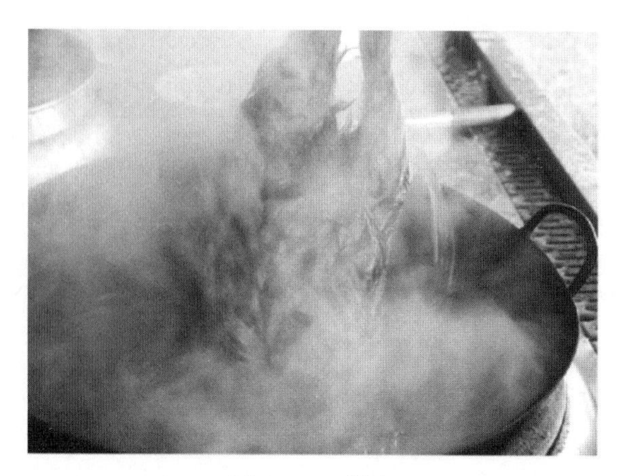

图 9—15 烫泡

煺毛时，先煺尾部和翅膀的粗毛，再煺胸部、背部和腿部的厚毛，最后煺细毛。煺毛手法采用顺拔和倒推。凡是粗毛均采用顺拔手法，即顺着毛根拔去毛；而厚毛、细毛均采用倒推手法，即手掌和手指相互配合，逆着毛根煺去毛。技术熟练的厨师讲究“五把抓”，即头颈、背、腹、两腿各一把，鸡毛即可基本煺净。

（3）开膛取内脏。煺净毛的鸡即成光鸡。对光鸡开膛，先要在鸡颈右侧靠近嗉囊处开一小口，轻轻取出嗉囊、食道和气管。然后再开膛取出其他内脏。开膛的方法通常有腹开、背开和肋开三种。无论采用何种方法，都要把内脏去净，不能弄破胆、肝、肠道，以及其他内脏。苦胆碰破会产生苦涩及土腥味，肠子碰破会使原料沾染粪便影响原料的清洁卫生。

1）腹开。此方法适用于一般的烹调方法。在肛门与肚皮之间横开一条长 8 ~ 10 cm 的刀口，将手伸进腹内，用手指撕开内脏与禽身相粘连的膜，轻轻拉出内脏，挖去肺脏，洗净腹内血污，如图 9—16 所示。最后，将禽体内外部洗涤干净即可。

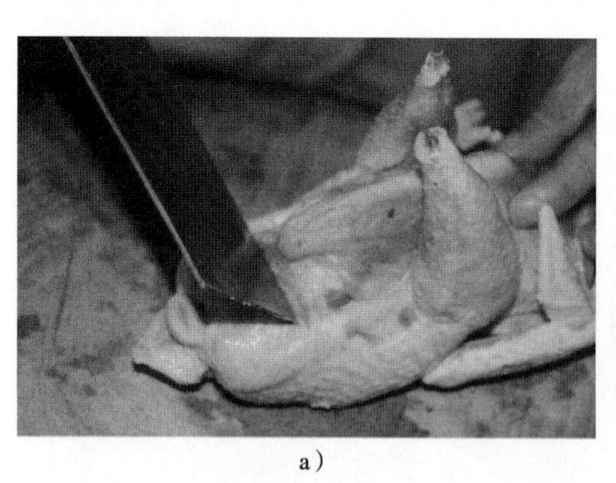

a）

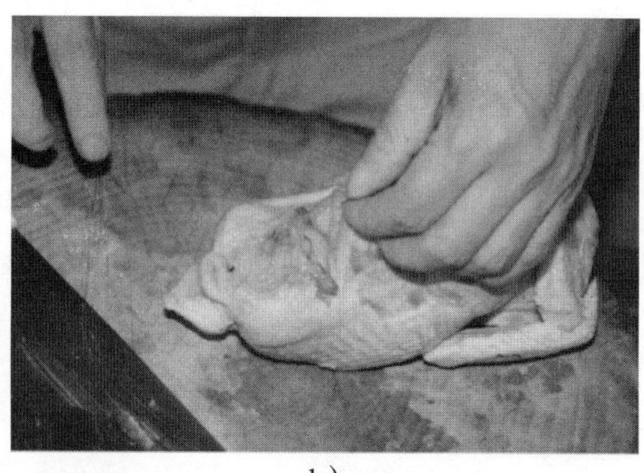

b）

图 9—16 腹开

a）横开刀口 b）取出内脏

2）背开。背开方法一般适用于整只制作菜品的家禽，如清炖鸡、花椒鸭等。习惯上整只家禽装盘后均为腹部朝上，采用这种方法取内脏，上席后既看不见刀口，又使家禽显得丰满，较为美观。操作时，用左手稳住鸡身，使鸡背向右，右手持刀，从鸡尾尖处下刀，刀尖用力沿鸡的脊骨向右推，一直开至颈骨处，翻开刀口，取出内脏，右手用刀顺背骨批

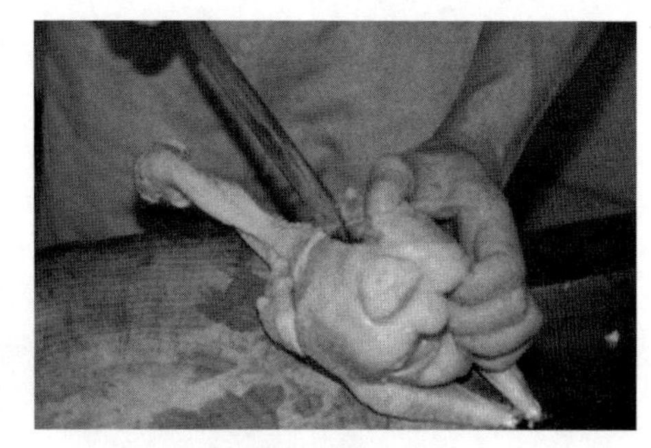
图 9—17 背开

开，掏出内脏，用清水冲洗干净即可，如图 9—17所示。采用背开方法取内脏要注意安全，禽类被刀锋切过的骨茬很锋利，操作者稍不注意易造成划伤。

3）肋开。肋开方法主要用于整只烤制家禽的开膛，用此方法取内脏的家禽在烤制时不漏油水，腹背不收缩变形，成品形态完整。在家禽贴近翅骨的右肋下开一长 4 ~ 5 cm 的刀口，伸入食指，用食指探摸到肫后，用食指把肫上端的食道勾缠住，缓慢用力从刀口往下拉。拉至肠嘴脱离颈部时，慢慢将肝、肠、内脏逐一取出。当将肝脏往外拖拽时，用手指下压刀口，以便顺利将肝脏连同苦胆一同从禽体内取出。最后，伸进食指把肺脏掏挖干净，将禽体内外冲洗干净即可。

（4）除去绒毛和洗涤。禽类在宰杀、煺毛、去内脏后，其身体上还会残留有很多较细小的绒毛，不易用手清理干净，此时可用少许酒精（高度酒）涂抹后点燃，烧去残留绒毛。除正常冲洗禽身外，还应注意将易污染、藏污的部分洗涤干净。

相关链接

鸽子的宰杀方法

【方法一】用左手捏住鸽子的翅膀，右手抓住鸽子的头，往水盆里揿，直到鸽子窒息死亡。然后，用 70℃的热水浸泡，将其毛煺干净。再在鸽子的腹部或背部开刀，剖开后将内脏挖出，用清水将鸽子冲洗干净即可。

【方法二】用左手握住鸽子翅膀，右手指将鸽子喙撬开，右手拿小汤匙，将白酒灌入，直到鸽子的头歪倒在一边，再进行煺毛、去内脏和洗涤加工。注意：在给鸽子灌白酒时，操作者的左手应保持按住鸽子不动。

鹌鹑的宰杀方法

【方法一】左手握住鹌鹑翅膀，右手大拇指和食指紧紧地捏住其鼻腔和喙，直到鹌鹑无法呼吸，窒息死亡，然后用手拔去鹌鹑的毛，用水冲净。再用剪刀剪开腹部，拉出全部内脏，用清水反复冲洗干净即可。

【方法二】右手抓住鹌鹑翅膀，用力往下摔，将鹌鹑的头部撞在台角或砧板上。待将鹌鹑摔死后进行煺毛，净毛后取出内脏，洗净即可。注意：鹌鹑皮嫩薄，煺毛水温不可过高。

2．禽类内脏初加工

禽类的内脏除嗉囊、气管、食管、胆囊不能食用以外，其他部分均可食用。充分利用内脏原料，可以烹制出许多风味独特的菜肴，因此，在初加工时不要将这类原料轻易丢弃，造成浪费。

（1）肫。割去前段食管及肠，用剪刀顺着肫上部的贲门和连接肠子的幽门管壁剪开，冲洗去肫内的污物，剥去内壁黄（见图 9—18），然后用少许食盐涂抹在肫上，轻轻地揉擦，除去黏液，再用清水反复冲洗至无黏滑感即可。

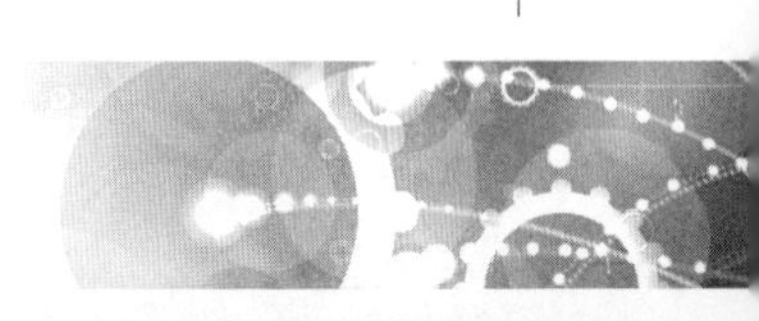

（2）肝。先用手摘除或用刀切除附着在肝脏中的胆囊（见图 9—19），然后将肝脏局部的黄色、白色或硬块部分去除干净。最后用水漂洗，直到水清，胆色淡、肝转白色即可。注意：去胆囊时要小心，不可将其碰破。肝脏局部的黄色、白色或硬块部分不能用于烹调制作菜肴。清洗时切忌用水冲洗，而应用水泼洗，泼水用力要轻，防止肝破碎。

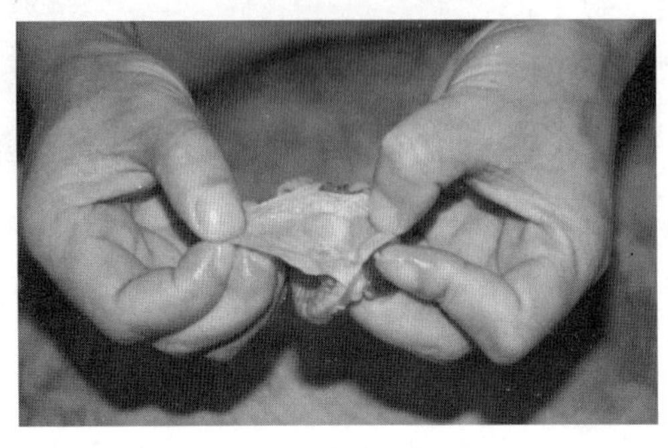

图 9—18　鸡肫的初加工

图 9—19　切除胆囊

（3）肠。加工时，先将鸡、鸭肠子捋成直条，去掉肠边的两条白色胰脏。然后用剪刀剖开肠子，洗净污物。用食盐或米醋，用力揉擦以除去肠壁上的黏液，用水冲洗数次，直到手感不黏滑，无腥膻气味即可。也可将处理洗净后的鸡、鸭肠放入沸水锅略烫一下取出，但要注意时间不可过久，以免质感老，难以咀嚼。

（4）血。将宰杀时已凝结的血块放入冷水锅中，小火加热，并保持水温约 90℃，使其慢慢养熟，也可用小火蒸熟。注意：加热时间不宜过长，火不能太旺，否则血块起孔，食之如棉絮，口感质量差。

（5）油脂。禽类的油脂常分布于禽体腹腔内和包裹在肠、肫的外面，经过加工，可以制成滋味清香、鲜浓、色黄而艳的明油，可以熬制浓汤或者烹制菜肴。油脂的加工方法有煎熬和蒸制两种方法。

1）煎熬法。油脂取出后，放入锅中用小火煎熬，开始色泽混浊，待水分蒸发干净，色泽变清时取出即可。

2）蒸制法。将油脂洗净，切碎后放入碗内，加葱、姜，上笼隔汽蒸至油脂融化后取出，去掉葱、姜即可。

三、禽类原料分档取料

分档取料是指对已经宰杀和初加工的禽类整个胴体，按照烹调的不同要求，根据其肌肉及骨骼组织的不同部位、不同质地，准确地进行分档切割的方法。

1．分档取料的基本要求

（1）仅对需要进行分割取料的原料进行必要的分割。

（2）必须符合食品卫生及原料质量等级的要求。

（3）应满足后续加工的用料要求。

（4）正确掌握取料的先后顺序，熟悉禽类的组织结构，做到准确下刀。质量有别的肌肉之间，往往有一层筋络隔膜，所以在各部位取料时，应按刀路取肉，保证不同部位原料的完整性。

2. 鸡的分档取料

鸡主要的分档部位有鸡爪、鸡腿、鸡翅膀、鸡胸肉、鸡头、鸡颈、鸡骨架等，具体操作步骤如下。

（1）将光鸡平放在砧墩上，在脊背部自两翅间至尾部用刀划一长口，再从腰部窝处至鸡腿内侧用刀划破鸡皮。

（2）左手抓住一侧鸡翅，右手执刀，沿着翅骨与鸡体骨骼的连接处下刀，割断筋膜，左手将翅用力向后拉，使翅膀与胸脯肉一同拉下，脱离鸡体。

（3）左手抓住一侧鸡腿，反关节用力，用刀在腰窝处划断筋膜，再用刀在其坐骨处割划筋膜，用力即可撕下鸡腿，如图 9—20 所示。

（4）从胫骨与跖骨关节处拆下，再将鸡翅和鸡脯分开，鸡爪和鸡腿分开，所剩即为鸡架。

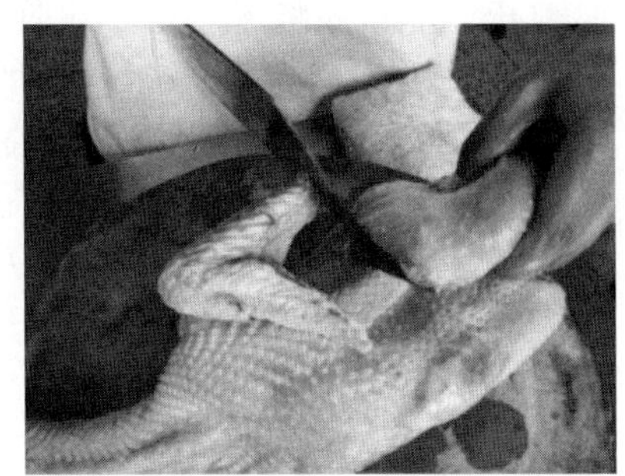

图 9—20 取鸡腿

四、鸡的整料出骨

整料出骨又称整料脱骨，是运用适当的刀具和刀法将整只（条）动物性原料的全部骨骼或主要骨骼予以剔除，而仍然保持原料原有的完整外形的一种刀工处理技法。原料经整料出骨后体态柔软，不仅易成熟入味，而且能够填充其他原料，制作出形态多样的象形菜肴。

1. 整料出骨的要求

（1）选料必须精细。凡用整料去骨的原料，必须选用肥壮多肉，大小老嫩适宜的原料。鸡要选用一年左右，尚未开始生蛋的。鸭应当选用 8 ~ 9 个月的肥壮母鸭。

（2）初加工必须认真。鸡、鸭烫毛时，水的温度不宜太高，烫的时间不宜太长，否则去骨时皮易破裂。

（3）剔骨必须谨慎，且下刀准确。在操作过程中要注意不能破损外皮，选准下刀的部位，做到进刀贴骨，剔骨不带肉，肉中无骨。

（4）整只原料出骨均不剖腹取内脏。整料出骨的操作中，鸡、鸭可采用内脏随骨骼一同拉出的方式。

（5）剔骨后的鸡应皮面完整，刀口正常，不破不漏。过嫩、过肥、过瘦的鸡不利于整料剔骨。

2. 鸡的整料出骨

鸡的整料脱骨操作步骤为：去颈骨→去前肢骨（翅骨）→去躯干骨→出后肢骨（后腿骨）→翻转鸡肉。

（1）去颈骨。将外形完整的光鸡放在砧墩上，用刀在鸡颈和两肩相交处，沿着颈骨直划一条长约 6 cm 的刀口。从刀口处翻开颈皮，拉出颈骨，用刀在靠近鸡头处，将颈骨斩断。注意：操作时不能碰破颈皮。

（2）去前肢骨（翅骨）。从颈部刀口处将皮翻开，使鸡头下垂，然后连皮带肉慢慢往下翻剥，直至前肢骨的关节露出后，可用刀将连接关节的筋腱割断，使翅骨与鸡身脱离。然后抽出鸡翅膀的左右臂骨及桡骨和尺骨，一一斩断。

（3）去躯干骨。将鸡放在砧墩上，一手拉住鸡颈骨，另一手拉住背部的皮肉，轻轻翻剥，翻剥到脊部皮骨连接处，用刀紧贴着前背脊骨将骨割离。再继续翻剥，剥到腿部，将两腿向背部轻轻扳开，用刀割断大腿筋，使腿骨脱离。再继续向下翻剥，剥到肛门处，把尾椎骨割断（不可割破尾处皮），这时鸡的骨骼与皮肉已分离，随即将躯干骨连同内脏一同取出，将肛门处的直肠割断。

（4）出后肢骨（后腿骨）。将后腿骨的皮肉翻开，使大腿关节外露，用刀绕割一周将筋腱割断。割断筋腱后，将大腿骨抽出，拉至膝关节处时，用刀沿关节割下。再在鸡爪处，横割一个刀口，将皮肉向上翻，把小腿骨抽出斩断。

（5）翻转鸡肉。用水将鸡冲洗干净，要洗净肛门处的粪便，然后将手从颈部刀口伸入鸡胸膛，直至尾部。抓住尾部的皮肉，将鸡翻转，仍使鸡皮朝外，鸡肉朝里，在形态上仍成为一只完整的鸡。如在鸡腹中加入馅心，经加热成熟后，外观饱满，十分美观。

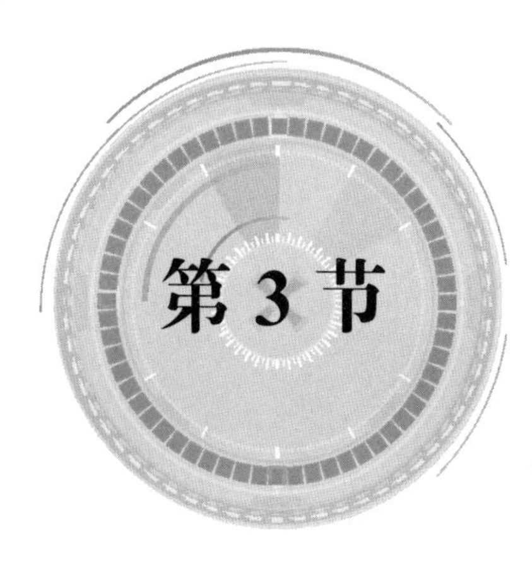

畜类原料加工

一、分档取料的意义

1．体现烹调特点，保证菜肴质量

根据菜肴特色和烹调方法的不同，所选用畜类原料的部位也不一样。如用猪肉烹制蒸、烧、焖类菜肴，一般以选猪的五花肉为宜，制作的菜肴成品肥而不腻，香味浓郁；制作熘、炒类菜肴宜选用猪的里脊肉，成品细嫩鲜香；若制作回锅肉，则应首选带皮的坐臀肉。所以，只有因菜取料和因料烹饪，才能保证菜肴的特色和质量。

2．保证合理使用原料，物尽其用

畜类原料的品质随部位而异，部位不同，其特性也有区别。如猪颈肉肉质肥瘦不分，绵老，适宜制馅；里脊肉肉质最为细嫩，以熘、炒的烹调方法成菜最具特色。这说明，畜类各部位的肉质、特性虽然不同，但都有其适合的烹调方法，只有根据不同的烹调方法选用相应部位的原料，才能使菜肴多样化。

二、猪的分档取料

猪肉的分割与剔骨加工，通常采用的是将猪胴体的二分体分割成三段后再进行剔骨、分类加工。二分体就是带皮带骨的整形肉片，对于二分体肉片的分割加工，首先进行的是部位分割，然后再进行剔骨加工。

1．猪肉的分割部位及要求

猪肉分割部位及名称如图 9—21 所示。分割要求见表 9—1。

2．剔骨加工方法

（1）前腿剔骨加工。选择前腿内侧中间部位，用尖刀将皮肉划开，划开深度至骨骼，将附在骨骼上的结缔组织割断，先剔出肩胛骨，后剔出前腿骨。

注意：在进行前腿剔骨加工时，应在肌肉间的肌膜处及近骨骼处剔开，以保持肌肉的完整。

（2）后腿剔骨加工。选择后腿内侧部位，沿中间的骨骼用尖刀将皮肉划开，划开深度至骨骼，将附在骨骼上的结缔组织割断，先剔出髂骨，再剔出后腿骨及其他骨骼。将剔骨后的后腿肉按照股二头肌、臀板肉等进行切割，剔除筋膜即可。

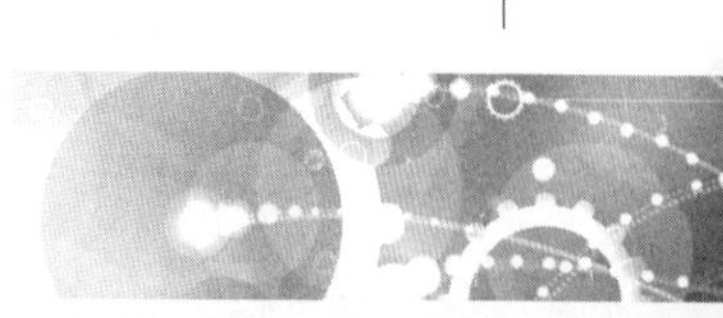

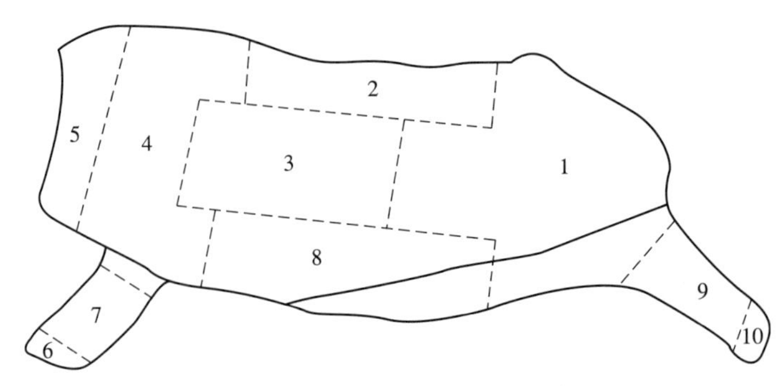

图 9—21　猪肉分割部位及名称

1—后腿　2—脊椎排　3—肋排　4—前腿　5—颈肉　6、10—脚圈
7、9—蹄髈　8—奶脯

表 9—1　　猪的部位分割要求

序号	部位	分割操作及要求
1	后腿	自猪的最后一节腰椎与骶骨连接处，用刀尖将关节连接处的结缔组织割断，斜线斩下猪后腿
2	脊椎排	脊椎排即大排，应在猪脊椎骨下方 4 ~ 6 cm 肋骨处平行斩下
3	肋排	斩去大排，割去奶脯，带全部夹层肌肉并有肋骨的为肋排，去肋骨的为肋条肉。肋排一般自第 4 根肋骨起取 8 根肋排骨，排骨厚度为 1.2 ~ 1.8 cm，肉厚为 0.7 ~ 1 cm。肋排表面应片割平整，肉块完整，肉层厚度大致均匀，并去掉软骨
4	前腿	应自猪前部第 5 ~ 6 根肋骨之间直线斩下。分割时注意不能斩断肋骨，夹心肉为前腿肌肉的重要部分
5	颈肉	颈肉即颈背肌肉，俗称槽头肉，应自猪颈椎最后一节处直线斩下
6	脚圈	前腿自腕关节斩下脚圈，后腿自趾关节斩下脚圈。分割脚圈时应沿关节相连处下刀，脚圈长度为 5 ~ 7 cm
7	蹄髈	前腿沿小腿关节处割下，后腿沿膝关节处割下，割面应整齐美观，表皮应比内肉稍长 1 cm 左右。肉需根据蹄髈的肥度来修割，肥蹄髈前端皮下肉可少留些，瘦蹄髈前端皮下肉可多留些。每只蹄髈的质量应掌握在 500 ~ 600 g。蹄髈表面应无伤斑，无红点，无毛，无伤肉，后腿钩洞处破皮部分不超过蹄髈总长度的 1/3
8	奶脯	奶脯即猪的腹部，俗称肚囊子，主要由皮、脂肪和筋膜组成，加工时用刀选择切割即可

注意：在进行后腿剔骨加工时，应在肌肉间的肌膜处及近骨骼处剔开，以保持肌肉的完整。

（3）躯干剔骨加工。将躯干部分皮朝下平放，依次剔出躯干部分的骨骼。

1）用刀尖将肩胛骨的韧带、筋膜割断，掀起肩胛骨的一端，顺势将髋骨剔出。

2）用刀尖将髋骨的韧带、筋膜割断，掀起髋骨的一端，顺势将髋骨剔出。

3）在颈椎骨或尾骨与肌肉组织的连接处准确下刀，将肉与骨骼分割切开。

4）掀起脊椎骨，顺势将附在肋骨、胸骨上的筋膜、韧带割断，剔出骨骼。

注意：应先剔出脊椎骨，再剔肋骨（包括软骨）。脊椎骨下面为大排肉，剔出时肌肉的腱膜尽可能保持完整。

将剔骨后的躯干部分的猪肉按照颈肉、夹心肉、里脊等进行切割，剔除筋膜脂肪及皮即可。

3．猪肉部位取料和用途

可根据菜品具体要求选择不同部位的肉（见图 9—22），猪肉分档及用途见表 9—2。

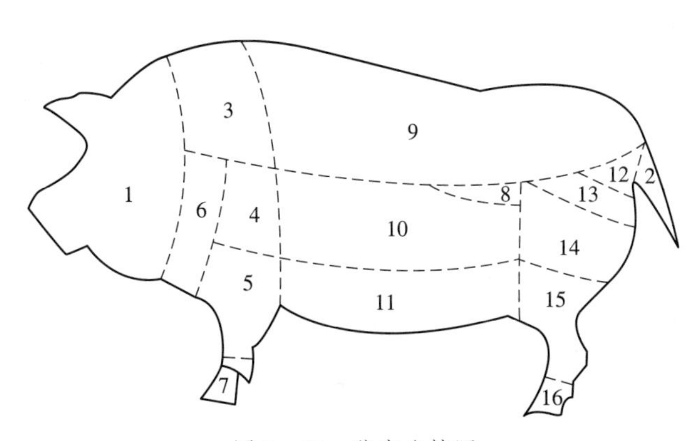

图 9—22 猪肉分档图

1—猪头 2—猪尾 3—上脑 4—夹心肉 5—前蹄髈 6—颈肉
7—前脚爪 8—里脊 9—通脊 10—五花肉 11—奶脯 12—臀尖
13—坐臀肉 14—弹子肉 15—后蹄髈 16—后脚爪

表 9—2 猪肉分档及用途

名称	部位	特点	用途
颈肉	位于前肘与猪头之间	肥瘦混杂，看似肥膘，但脂肪含量不高，肉质粗老而带韧性	适于熬油、铰肉馅
夹心肉	猪前腿上包着扇子骨的肉	肉质嫩但夹筋多，肌纤维横顺不规则，吸水力强	宜炸、熘、炖、制馅等
五花肉	位于猪前腿和后腿之间，通脊以下、奶脯以上的一块方肉	有硬五花、软五花之分。硬五花是贴着肋骨的一块板肉，肥肉多、瘦肉少。硬五花以下部分为软五花，肥瘦相间	可用于粉蒸、旱蒸、烧、炸、制馅等
通脊	位于脊椎骨上的长条形肉	色白，纤维细短，肉质细嫩	宜炒、熘、炸、氽等
坐臀肉	位于抹裆下面	肥瘦相间，瘦多于肥，无骨少筋，肉质较嫩	宜煎、炒、烧、烤，也适于做酱肉、腌肉
弹子肉	位于后腿棒子骨前的一块球形瘦肉	呈椭圆形，外被薄膜，肉质较嫩，但有筋，肉纤维横竖交叉	宜熘、炒、烧，也可用于氽汤

4. 猪内脏初加工

常用做烹饪原料的猪内脏主要有猪心、猪肝、猪腰等，具体用途见表 9—3。家畜类原料的内脏一般腥臊气味较重，洗涤时一定要将其去除干净。

表 9—3 猪内脏适宜的烹饪方法

内脏名称	适宜的烹饪方法
猪心	适用于炒、熘、卤、酱等
猪肝	适用于炒、熘、卤、酱、氽等
猪肚	适用于煮、煨、卤、酱、熟炒等
猪腰	适用于炒、爆、氽、涮、烩、炖等
猪肠	适用于煮、卤、酱，成熟后还适用于脆皮炸、炒、烧等
猪舌	适用于煮、卤、酱等
猪脑	适用于炖、煨、煮、卤、酱等，也是涮锅的好原料

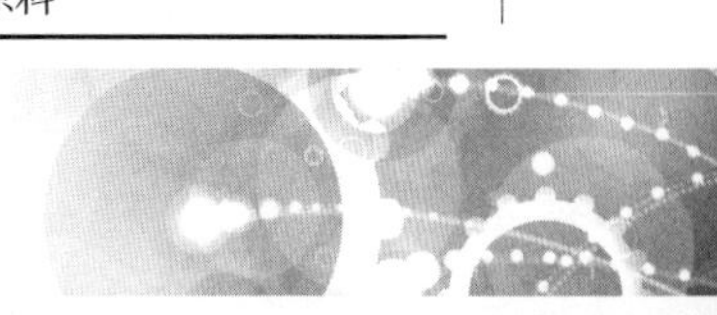

（1）猪肚的初加工

1）用刀割去或用手撕去表面油脂后，将猪肚放入盆内，加入食盐和醋，用双手反复搓洗，使猪肚上的黏液脱离，用水洗净。

2）将手伸入猪肚内，抓住猪肚的另一端，将猪肚翻转过来。再次加入食盐和醋揉搓，洗净黏液。

3）将洗净黏液后的猪肚放入冷水锅中加热至水沸捞出，刮净猪肚内壁白膜。

4）待猪肚内壁光爽后，再将猪肚翻过来，投入锅中加热，以去除猪肚腔膜的臭味。水烧沸后，将猪肚捞出，里外冲洗干净即可。

（2）猪肠的清洗加工

1）将手伸入肠内，把口大的一头翻转过来，用手指撑开，灌注清水，肠子受到水的压力，就会逐渐翻转。等肠子完全翻转后，用手摘去或用剪刀剪去猪肠上的油脂、污物。

2）将猪肠放入盆内，加入盐和醋，用双手反复搓洗，用清水冲净黏液。

3）用上述的套肠方法，将猪肠翻回原样，再次加入盐和醋搓洗，用清水冲净。如此反复几次，直至除净黏液。

4）将洗干净的猪肠投入冷水锅，边加热边用手勺搅动、翻动，待水烧沸，取出后用冷水冲洗干净即可。

（3）猪肺的清洗加工

1）用手抓住肺管套在水龙头上，使水直接通过肺管灌入肺内，待肺叶充水胀大、血污外溢时，立即将猪肺脱离水龙头，平放在空盆内，用手拍打挤压。

2）倒提起肺叶，使血污从肺管中流出。如此反复几次，洗净血污。

3）用刀划破肺的外膜，用清水反复冲洗干净。也可以用剪刀将肺气管剪开，再用清水反复冲洗干净。

（4）猪腰的清洗加工

1）用水冲洗猪腰，用手撕去黏附在猪腰表层的外膜和油脂。

2）将猪腰平放在砧墩上，沿着猪腰的空隙处，采用拉刀批的刀法，刀身放平，刀背向右，刀刃向左批进原料，将刀由外向里拉，将猪腰批成两片。

3）用拉刀批的刀法，分别批去附在猪腰内部的白色筋膜（俗称腰臊）。

4）将批去腰臊的猪腰放在水盆内，冲洗干净即可。

三、牛的分档取料

牛肉即成熟牛的肌肉，习惯上还包括肌肉间的结缔组织和脂肪组织。牛胴体因体积大，分量重，为运输和销售方便起见，通常将其分割为四分体，成为批发分割肉。由批发分割肉再行分割成为零售分割肉应市。

1. 牛肉的分级

牛的肌肉由于级别的不同、部位的不同，其烹调用途也各有差异。

（1）一级牛肉。肌肉发育良好，骨骼不外露，皮下脂肪由肩至臀部密集地布满整个肉体。在大腿部可有不显著的肌膜露出，肉的横断面脂肪纹明显。

（2）二级牛肉。肌肉发育良好，除脊椎骨、坐骨结节部位外，其他部位略有突出现象。皮下脂肪层在肋和大腿部有明显肌膜露出，腰部切面肌肉间可见脂肪纹。

（3）三级牛肉。肌肉发育中等，髋骨及坐骨结节略微突出，第 8 肋骨至臀部布满皮下脂肪，肌膜露出，颈部、肩胛前肋及后腿部均有面积不大的脂肪层。

（4）四级牛肉。肌肉发育较差，脊椎骨突出，坐骨及髋骨结节明显突出，有皮下脂肪。

2. 牛的部位取料和用途

可根据菜品具体要求选择不同部位的肉（见图 9—23），牛肉分档及用途见表 9—4。

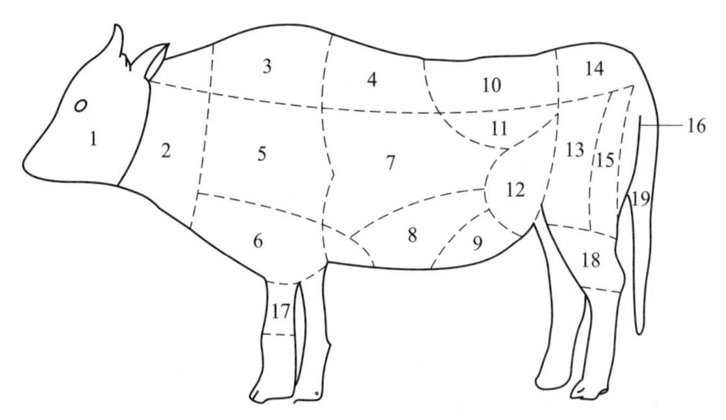

图 9—23　牛的部位分割及名称

1—牛头　2—脖头　3—短脑　4—上脑　5—前腿肉　6—胸肉　7—肋条肉
8—弓扣　9—窝肉　10—外脊　11—里脊　12—榔头肉　13—底板　14—米龙
15—黄瓜肉　16—仔盖　17—前腱子肉　18—后腱子肉　19—牛尾

表 9—4　　牛肉分档及用途

序号	名称	部位	特点	用途
1	牛头	—	皮多、骨多、肉少、脂肪少，以脸颊肉为最嫩	适用于卤、酱、白煮等
2	脖头	位于颈椎部位	瘦肉多，脂肪含量少，纤维纹理纵横，肉质粗老，质量较差，属三级牛肉	适用于煮、酱、卤、炖、烧等，更适用于制馅
3	短脑	位于颈脖上方	肉质较嫩，瘦肉中分布着较多的肌间脂肪，红白相间	适用于煮、酱、卤、炖、烧等，更适用于制馅
4	上脑	位于脊背的前部，与短脑相连	肉质肥嫩，瘦肉中分布着较多的肌间脂肪，红白相间，属一级牛肉	宜加工成片、丝、粒等，适用于爆、炒、熘、炸、烤、煎等
5	前腿肉	位于上脑的下部、前腱子肉上部，属三级牛肉	前腿肉虽然较嫩，但肉块中有筋膜夹层，经过精选和剔除，部分肌肉也可做一级牛肉使用	适用于红烧、煨、煮、卤、酱及制馅等
6	胸肉	位于牛的前腿中间	肉质坚实，肥瘦相间，属二级牛肉	宜加工成块、片等，适用于红烧、滑炒等
7	肋条肉	位于胸肉后上方	肥瘦相间，结缔组织丰富，属三级牛肉	宜加工成块、条等，适用于红烧、红焖、煨汤、清炖等
8	弓扣	位于肋条后下方	筋膜多于肋条，韧性大，属三级牛肉	适用于烧、炖、焖等
9	窝肉	位于牛后腿间的肉	属三级牛肉，其肉质同弓扣肉	适用于烧、炖、焖等

续表

序号	名称	部位	特点	用途
10	外脊（脊背肌肉）	位于上脑后方、米龙前方的条状肉	肉质松而嫩，肌纤维长，为一级牛肉	宜加工成丝、片、条等，适用于炒、熘、煎、炸、扒、爆等
11	里脊（牛柳）	位于外脊下方	肉质最嫩，属一级牛肉，也有将其列为特级牛肉	适用于煎、炸、扒、炒等
12	榔头肉	为股二头肌的组成部分之一，位于腰椎与尾椎之间、脊椎骨的两侧	肉质嫩，几乎全部为瘦肉，呈长条状，属一级牛肉	宜切丝、片、丁等，适用于炒、烹、煎、烤、爆等
13	底板	—	属二级牛肉，若剔除筋膜，取较嫩部位可视为一级牛肉使用	宜切丝、片、丁等，适用于炒、烹、煎、烤、爆等
14	米龙	米龙相当于猪的臀尖肉，又称股肉，位于尾椎的两侧、外脊的后方、后腿的上方	瘦肉较多，肉质细嫩，筋膜较少，肌肉块较大，表面有脂肪，属二级牛肉	宜切丝、片、丁等，适用于炒、烹、煎、烤、爆等
15	黄瓜肉	黄瓜肉又称白板、瓜条肉，与底板和仔盖肉相连，位于米龙的下侧、大腿上部的外侧	瘦肉多，筋腱较少	宜切丝、片、丁等，适用于炒、烹、煎、烤、爆等
16	仔盖	仔盖又称后腿肉，位于尾巴根部、后腱子肉上面，与黄瓜肉相连	瘦肉多，肉质细嫩，肌纤维长，筋膜较少，属一级牛肉	宜加工成丁、条、丝、片、块等，适用于煎、炒、熘、炸、烤等
17	前腱子肉	前腱子肉又称牛腱，位于前腿的小腿部位	结缔组织较多，肉质较老，属于二级牛肉	适用于卤、酱、拌、煮，是制作冷菜的好原料
18	后腱子肉	后腱子肉又称小腿肉、牛腱后腿胫肉，位于后腿的小腿部位	筋膜韧带较多，肉质较老	
19	牛尾	—	肉质肥嫩，结缔组织多，骨多	适用于煨、煮、炖、烩、烧等

四、羊的分档取料

羊在市场上通常为整只供应，也有二分体或四分体，既有带皮羊，也有剥皮羊。

1．羊肉的分级

（1）一级羊肉。肌肉发育良好，骨不突出，皮下脂肪密集地布满全身，肩颈部脂肪较薄，臀部脂肪丰满。

（2）二级羊肉。肌肉发育良好，骨不突出，肩颈部稍有凸起，皮下脂肪密集地布满肉体，肩部无脂肪。

（3）三级羊肉。肌肉发育尚好，只有肩部脊椎骨尖端突出，脊部布满皮下脂肪，腰部及肋部脂肪不多，骶骨部及股盘处没有脂肪。

（4）四级羊肉。肌肉发育欠佳，骨骼显著突出，肉体表面带有不显著薄层脂肪，臀部脂肪较少。

2．羊的部位取料和用途

可根据菜品具体要求选择不同部位的肉（见图 9—24），羊肉分档及用途见表 9—5。

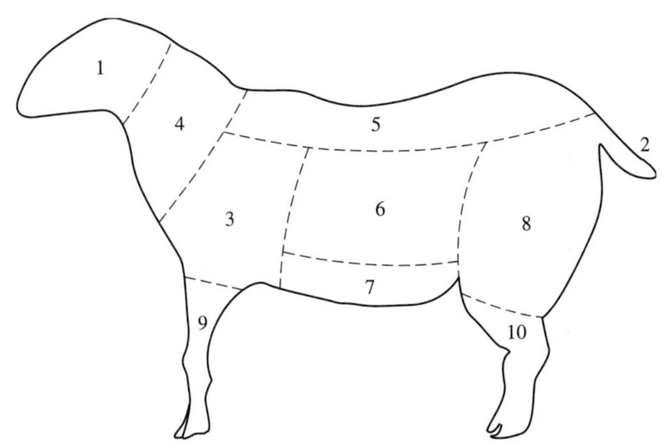

图 9—24　羊肉分档图

1—羊头　2—羊尾　3—前腿肉　4—颈肉　5—脊背肉　6—肋条肉
7—胸脯　8—后腿肉　9—前腱子肉　10—后腱子肉

表 9—5　　羊肉分档及用途

序号	部位	部位	特点	用途
1	羊头	—	皮多，骨多，肉少	适用于煮、卤、酱等
2	羊尾	—	脂肪较多	适用于红烧、酱、煮等
3	前腿肉	位于前肢	肥多瘦少，筋膜较少，肉质较老，属二级羊肉	适用于红烧、炖、卤、煮等
4	颈肉	位于颈椎部位	肉质粗老，质量较差，筋膜较多，属三级羊肉	适用于制馅、烧、卤、酱、炖等
5	脊背肉	脊背肉包括里脊肉和外脊肉	肉质较嫩，肉色红润，属一级羊肉	宜切片、丝、条、丁等，适用于爆炒、煎、炸、烤、熘等
6	肋条肉	肋条肉又称肋肉，位于肋骨之上	肥瘦夹层，肥肉筋膜较多，肉质较好，属二级羊肉	适用于涮、烧、焖、炖、扒等
7	胸脯	胸脯包括前胸肉、腰窝，腰窝肉位于腹部肋后近腰处	前胸肉质嫩，属一级羊肉	适用于爆、炒、烧、扒等
			腰窝肉质差，筋多，属三级羊肉	适用于卤、酱、烧、炖等
8	后腿肉	后腿肉包括三岔、元宝肉、磨裆、黄瓜条，其中三岔肉又称臀肉，位于尾椎的两侧、后腿的上方、脊背的后侧；元宝肉位于后腿外侧；磨裆在三岔的下方，位于后腿内侧的里裆部位；黄瓜条是元宝肉和磨裆之间的两条肉	肉质嫩，肥瘦相同，筋膜少，肌肉块形较大，属二级羊肉，去筋膜后可当一级羊肉使用	适用于炒、爆、烤、涮等
9	腱子肉	腱子肉分为前腱子肉与后腱子肉	肉瘦筋多，属三级羊肉	适用于烧、卤、煨、炖等

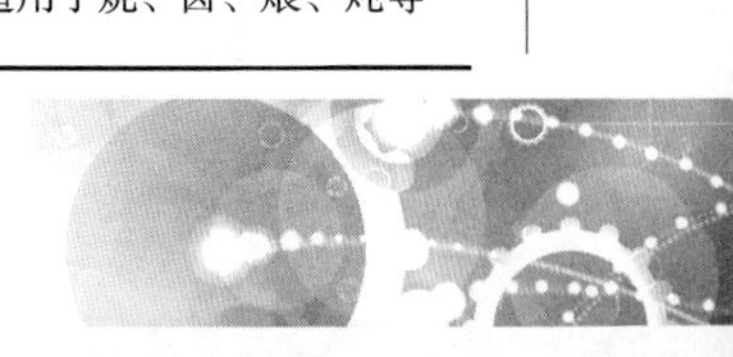

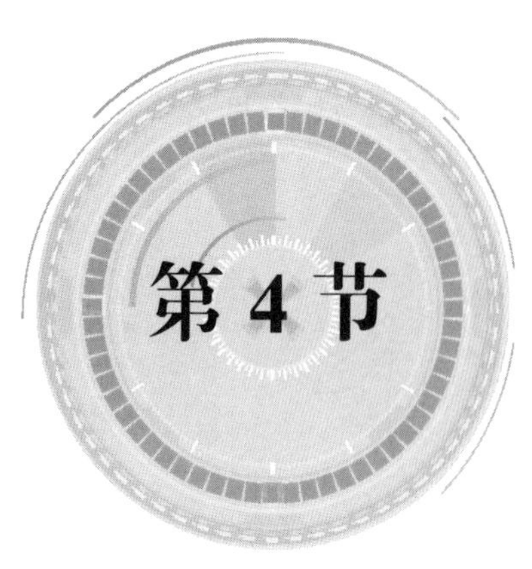

第 4 节 水产品类原料加工

一、水产品类原料初加工要求

水产品类原料种类繁多，食用价值较高。根据其生长的水源不同，水产品类原料可分为海水产品和淡水产品两大类。按烹饪应用的习惯，水产品类原料又可分为鱼类、虾蟹类、龟鳖类、贝类等。水产品类原料品种繁多，性质各异，用途广泛，其初加工方法也多种多样。其初加工基本要求如下。

1. 符合卫生要求

水产品中带有较多的血水、黏液、寄生虫等污秽杂物，并有腥臭味，必须除尽，以符合卫生要求，保证菜品质量。同时，也应注意将不可使用部分去除干净。例如，贝类原料要去除不能食用的内脏和皮壳等，鱼类原料要去除鱼鳞、鱼鳃、内脏和黏液等。

2. 根据品种加工

水产品的品种较多，要按照其品种及用途进行初加工。如一般鱼类都须去鳞，但鲥鱼就不能去鳞；多数鱼类要剖腹取出内脏，对有鳞的鱼类（如鲫鱼、黄鱼、鲢鱼等）初加工，应分别进行去鳞、去鳃、剖腹、取内脏、洗涤等工序。

3. 根据用途加工

同一品种的水产品，因其用途的不同，初加工方法也不一样。以鳜鱼为例，若以整条鱼烹制菜肴，其初加工时就不能剖腹，内脏应从口腔中取出；以鱼块或鱼片等形式烹制菜肴，初加工则可以剖腹后再取出内脏。扇贝如果清蒸的话，应将贝壳清洗干净，备用。

4. 切勿弄破苦胆

鱼类内脏中的胆囊较脆弱，若将苦胆弄破，胆汁就会渗入鱼肉，使鱼肉发苦，影响菜肴的质量，甚至无法食用。对鱼类进行初加工时要谨慎小心，切忌将胆囊弄破。

5. 合理使用原料，减少损耗

在加工中还要注意充分利用某些可食部位，避免浪费，如黄鱼鳔、青鱼的肝肠、鱼子等。尤其对于鱼的加工，应注意分档取料，合理利用。以鳙鱼（胖头鱼）为例，其分档取料后可做如下利用。

（1）鱼头可用来做汤，制成鱼头豆腐浓汤。

（2）鱼肉取下可切片、切丝炒菜，也可以制茸，制作鱼圆、鱼线等。

（3）鱼骨可吊汤或油炸后烹制成酥鱼。

二、鱼类初加工

1. 鱼类原料初加工的基本方法

鱼类原料在正式烹调前都须经过初加工处理，如宰杀、刮鳞（除黏液）、去鳃、取内脏、洗涤等。这些处理方法必须根据鱼的品种和烹饪用途合理地采用。

（1）刮鳞。刮鳞是加工有鳞鱼的第一个工序，对于无鳞鱼来说，主要是去除鱼身上的黏液。具体操作方法：将鱼身平放在砧墩上，鱼头朝左，鱼尾朝右，左手按住鱼头，右手持刀，从尾部向头部戗刮过去，将鱼鳞刮净。刮鳞操作方法如图 9—25 所示。

刮鳞时应注意：刮鳞时须逆刮，刮鳞时刀的倾斜度应根据鱼鳞的特点及鱼的新鲜度的不同而不同；有些海产鱼类头的上部、鳃的外部也有细小的鱼鳞，这些部位的鱼鳞小而厚硬，在加工时应用刀的尖部认真细致地刮拭干净；不要弄破鱼皮。

（2）去鳃。多数鱼类的鱼鳃不能食用，在加工时均应除去。常用的方法是用手指掏挖，钝性分离抠下鱼鳃。有些鱼类，如黑鱼、鳜鱼等，因鱼鳃较硬，用手挖除时要防止被其刺伤，可用剪刀剪去（见图 9—26），也可用刀尖挖除。淡水鱼中的鲤鱼、草鱼鳃下的鱼牙应同时除去。

图 9—25　刮鳞

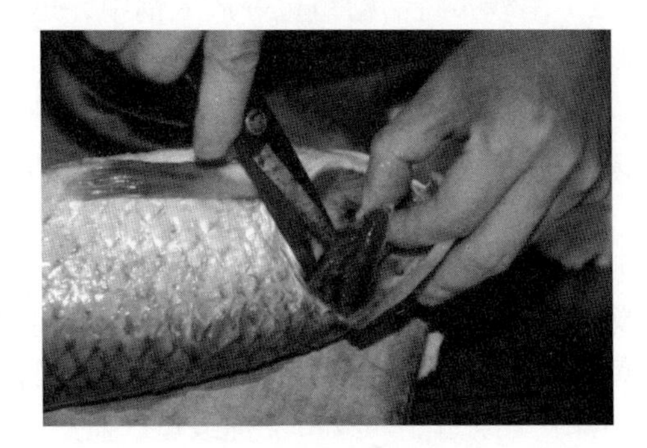

图 9—26　去鳃

（3）除内脏。去除鱼的内脏，应根据鱼的大小和用途不同，采用不同的方法。

1）开腹取脏法。将鱼的腹部剖开，在鱼的胸鳍与肛门之间直切一刀（见图 9—27），剖开腹部取出内脏，刮净黑膜。

2）开背取脏法。沿着鱼的背鳍线下刀，切开鱼背（见图 9—28），取出内脏及鱼鳃，再洗净血污和黑膜。这种方法一般用于原条蒸的生鱼，或用于一些需剔出鱼骨取净肉的鱼类。

图 9—27　腹部剖口

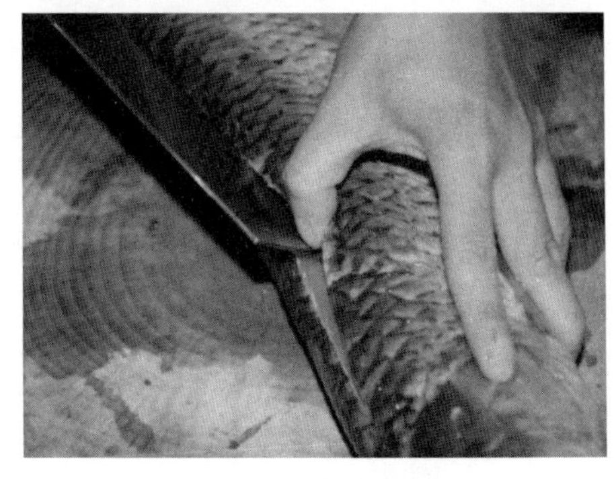

图 9—28　脊背部剖口

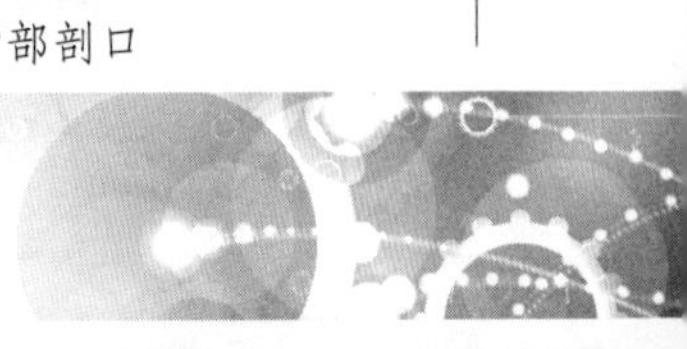

3）夹鳃取脏法。在鱼的肛门前约 1 cm 处横切一刀，将内脏割断。然后用两根筷子从鱼鳃盖插入，夹住内脏用力向一个方向绞卷后拉出，再用清水冲净。在拧出鱼鳃的同时也把内脏取出。此种方法主要用于体形较小而又需保持体形完整的鱼类，如黄鱼、鲈鱼、鳜鱼等。

2. 常见鱼类初加工

（1）鳜鱼。鳜鱼又称桂鱼、季花鱼、桂花鱼，是较名贵的淡水鱼类，被称为我国“四大淡水名鱼”，各地均产。鳜鱼的烹调用法较多，可清蒸、炸、焖、炒、油泡等。用途不同，加工方法不同。

1）用于原条蒸。先放血，去鳞，在肛门上方约 1 cm 处横切一刀，切断肠头，然后用专用的粗筷或铁钳，从鳜鱼鳃盖插入鱼腹，顺一个方向绞卷，拉出鱼鳃的同时拧出内脏，冲洗干净。

2）用于起肉。在此用途时，可采取开腹取脏法。

（2）鳝鱼。黄鳝又称黄鳝鱼、长鱼，我国除西北高原外各地水域均有出产，多用于炸、焗、炒、煲等烹调方法。处理鳝鱼可用以下方法。

1）在锅中注入清水，并将其烧沸（水和鳝鱼比是 3∶1），依次加入葱、姜、黄酒、醋、盐。醋的浓度约为 4%，盐水的浓度约为 3%。

2）用纱布将活鳝鱼包好放入锅中，迅速盖上锅盖，调低热源温度。注意不能让水沸腾，否则鱼皮将会破裂。可在水将要沸腾时注入少量凉水，以控制水温。

3）在烫制过程中用刷把轻轻推动鳝鱼，使黏液从鱼体表面脱落。一般在 90℃左右的水中烫制 15 min 即可。

（3）带鱼。带鱼的表面虽没有鳞片，但其表面发亮的银鳞入口腻滑，口感较差，所以一般都要刮去。初加工方法：右手用刀从头至尾或从尾至头，来回刮动，刮去银鳞。然后，用剪刀沿着鱼背从尾至头剪去背鳍；再用剪刀沿着肛门处向头部剖开腹部，用手挖去内脏和鱼鳃，剪去尖嘴和尖尾，然后用水反复冲洗，洗去银鳞、血筋、瘀血等污物。

（4）马鲛鱼。马鲛鱼又称鲅鱼、蓝点马鲛，是我国沿海多产的经济食用鱼类。马鲛鱼多用于煎、炸、焖等烹调方法，也可用于起肉制鱼胶。初加工方法：去除鱼的内脏、腮，洗净即可。如用于起肉，则持刀贴着鱼骨，将两边鱼肉起出；如用于焖，则斩块即可。

3. 鱼类原料的分割取料方法

鱼的分割取料，就是将整鱼的各部位，根据菜肴的不同要求，合理地进行取料。鱼的部位一般是按鱼鳍分割的。鱼的分割与剔骨加工可分为分档剔骨与整鱼剔骨两种。

（1）梭形鱼的分档剔骨。梭形鱼通常按照头部、躯干部、尾部 3 个部位进行分档加工。梭形鱼的分档如图 9—29 所示，鱼的分档及用途见表 9—6。

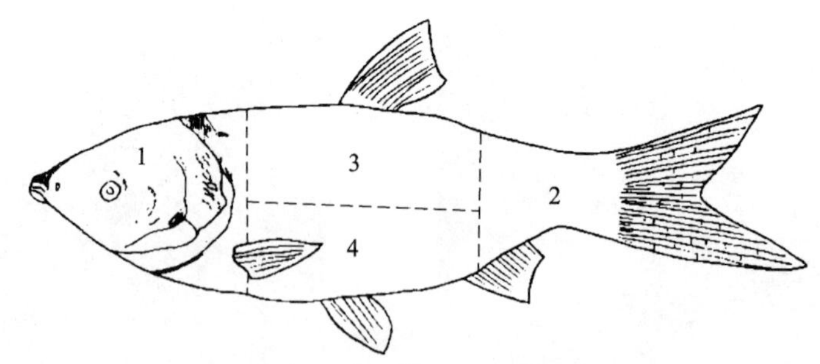

图 9—29　梭形鱼的分档

1—鱼头　2—鱼尾　3—躯干（脊背）　4—躯干（腹部）

表 9—6　　鱼的分档及用途

序号	名称	分割方法	特点	用途
1	头部	以胸鳍为界线直线割下	其骨多肉少、肉质滑嫩，皮层含胶原蛋白质丰富	适用于红烧、煮汤等
2	尾部	以臀鳍为界线直线割下	鱼尾皮厚筋多、肉质肥美，尾鳍含丰富的胶原蛋白质	适用于红烧，也可与鱼头一起做菜
3	躯干部（脊背和鱼腹）	去掉头部与尾部即为躯干部	脊背的特点是骨粗（一根脊椎骨又称龙骨），肉多，肉的质地适中	宜加工成丝、丁、条、片、块、茸等形状，适用于炸、熘、爆、炒等，是一条鱼中用途最广的部分
			鱼腹俗称“肚裆”，是鱼中段靠近腹部的部分，肚裆肉层薄，脂肪丰富，肉质肥美	适用于红烧

鱼类原料的剔骨出肉通常以脊背部的肌肉为主，梭形鱼的剔骨主要是去除椎骨、肋骨。其方法是：将鱼中段脊背朝里，从右端椎骨上侧平向进刀，切断脊椎和肋骨的关节，将其剖成软、硬相对的两片，带脊椎骨者称硬片，不带脊椎骨者称软片。在硬片一侧用同上述方法取下椎骨，刮下附着在骨上的残存肌肉余下的骨可制汤。最后，用斜刀法批下肋骨及肋骨下端腹壁，即得净鱼肉。若制鱼茸，则需去除鱼皮；若用于炒制，切丝需去皮，切片可连皮（2.5 kg 以上者亦需去皮）。一般来讲，鱼尾不宜拆骨，大者可剖开为软、硬两片（尾鳍也要制成两片），可与头的软、硬边配合使用。

（2）长形鱼的分档剔骨。长形鱼一般指鳝鱼、鳗鱼等。以鳝鱼为例，其剔骨方法有生料剔骨和熟料剔骨两种，熟料剔骨又称为划长鱼（划鳝丝）。

1）生鳝鱼剔骨。将鳝鱼初加工处理后，用刀尖紧贴腹内脊骨剖开一长口。注意不能将脊背部的鱼皮划破。最后，用刀铲去椎骨，去头尾即成鳝鱼肉。

2）熟鳝鱼剔骨。先将鳝鱼汆烫后，背朝外，腹朝里，头左尾右，平放于案上。操作者用左手捏住鱼头，右手握住划长鱼刀（划长鱼刀多为骨制，尖刃窄身，厚约 1.5 mm，长度为 7 ~ 8 cm，宽约 1.5 cm），从颌下腹侧入刀，中指与无名指护住鱼身，贴着椎骨向右移动，划开鱼体，取得腹部。用相同的方法，将带有脊椎骨的脊背一侧划开，接着划出椎骨，并将腹、背两片鱼肉分类放置，去掉腹部内脏。

（3）扁形鱼的分档剔骨。扁形鱼以鲳鱼、比目鱼等为主，具体方法如下：先将鱼头朝外，腹向左侧平放在砧墩上，顺着鱼的背侧线划一刀直到脊骨，再贴着刺骨批进去，直到腹部边缘，然后将一面鱼肉带皮取下。再将鱼翻过来，用同样方法，将另一面鱼肉取下。最后，将余刺和皮去掉即可。

（4）整鱼剔骨。鱼的整料出骨加工方法如下。

先用刀跟将靠近鱼头一侧的脊骨斩断至鱼胸骨处。然后使鱼肉与脊骨脱离：将鱼头朝内放在案板上，左手按住鱼身，拇指用力卡住鱼的脊背，使其背部肌肉绷紧，右手用刀尖在脊背尾部紧贴着鱼脊骨横片进去，从鱼尾一直用拉刀片到头骨处，然后左手稍微向下一按，脊背上的刀缝便张开，右手刀刃紧贴脊骨横片进鱼身，并由脊骨片到刺骨。将鱼翻面，用同样的方法将另一面的鱼肉与脊骨脱离；顺着刺骨片至胸骨，使鱼肉与胸骨脱离。最后，用刀将尾端鱼骨斩断，割断鱼肉与鱼骨的相连处，取出鱼骨。鱼骨取出后，将鱼恢复原状成型。

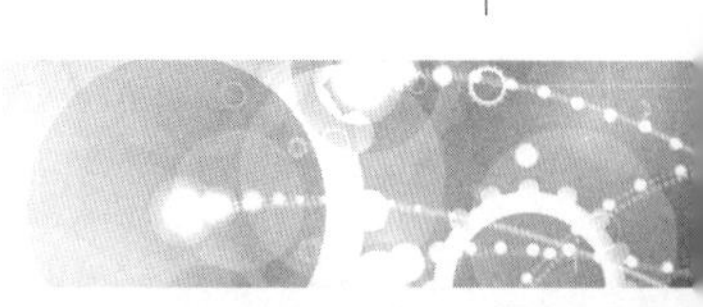

三、虾蟹类初加工

虾蟹类水产品的初加工相对比较简单，主要是清洗加工。

1．虾类的初加工

虾类初加工时，要从头部剪下虾枪，从头部挑出食袋，从虾的背部剪开，挑出虾线备用。若需要保持虾体完整，则可以把虾体弯曲，即将头尾相接，从虾壳缝隙中用牙签挑出虾线。

2．蟹类的初加工

蟹类初加工时，如用于原只蒸，先用刷子将蟹壳刷洗干净，然后从蟹壳底部入手，从蟹脐处往上掰，把下蟹壳掰下。先清理掉鳃毛，再将蟹胃取下，并将蟹壳上的嘴用手掰下来，一并冲洗干净。如果用于碎件，则清洗过后，用刀身压住蟹爪，用手将蟹盖掀起，削去蟹盖弯边及刺尖；剁下蟹螯（蟹钳），斩成两节，拍裂，将蟹身切成两半，剁去爪尖，将蟹身斩成若干块，每块至少带一爪。

四、其他水产品初加工

1．贝类原料初加工

贝类原料的加工主要是洗净原料的泥沙，去除不能食用的内脏和皮壳等。贝类原料种类众多，有带子、扇贝、蛤蜊、蛏子、象拔蚌、牡蛎等，初加工技术要求如下。

第一，将带子、扇贝、蛤蜊、蛏子、象拔蚌、牡蛎等贝类原料放入清洁的海水中养殖数日，使其吐净泥沙。

第二，宰杀加工时要使用专用的刷子刷净贝类原料壳表的泥沙，再用刀具切断闭壳肌，去掉食袋，用清水从壳内冲洗干净备用即可。

（1）田螺。先将田螺静养 2 ~ 3 日使其吐尽泥沙，然后刷洗干净外壳泥垢。若需要带壳烹制，则用铁钳夹断尾壳，便于吸食。若需要直接取肉，则可将外壳击碎，然后逐个选择。另外，还有一种方法是将其用沸水煮至离壳，用竹签挑出螺肉，洗净即可。

（2）蛤蜊。先用清水冲去蛤蜊外壳的泥沙，浸入 2% 的食盐液中，静置 40 ~ 80 min，使其充分吐沙。既可带壳烹调（将闭壳肌割断），也可取净肉食肉。如果取肉，则将其放入开水锅中煮至蛤蜊壳张开捞出，去壳留肉，再用澄清的原汤洗净即可。注意：无论采取何种烹制方法，均须将外壳破裂或死蛤蜊剔除。

（3）象拔蚌。用 80℃温水烫过，去壳，脱去皮衣，在中间剖开，去污垢、内脏，洗净即可。

（4）带子。在开口处平刀片入成两半，使两边壳都分别有肉，去肠脏，将壳修剪成圆形（见图 9—30），肉和壳分别洗净，用洁净毛巾吸干水分。用于蒸的将带子肉放回壳上即可，用于炒的直接将肉取出，去除肠脏，洗净即可。

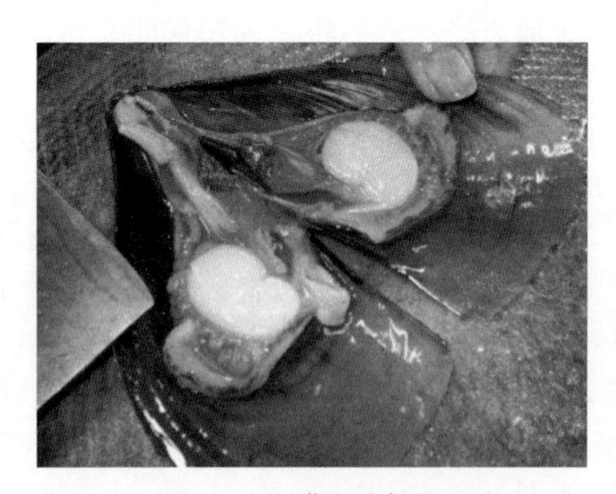

图 9—30　带子的初加工

2．软体类原料初加工

软体类原料种类很多，包括鱿鱼、墨鱼、小章鱼等，其加工技术要求如下：先取下头，摘除嘴和眼，弄破眼睛会使鱼肉颜色不洁。然后从身部上端破开，摘除内脏，剥离外皮及筋膜并清洗干净。

（1）乌贼。用刀将乌贼切开或用剪刀剪开腹部，剥出粉骨，剥去外衣、嘴、眼，冲洗干净。墨鱼有墨囊，墨汁较多，要小心剥除墨囊，洗净。

（2）枪乌贼。用刀将枪乌贼切开或用剪刀剪开腹部，剥出软骨，剥去外衣、嘴、眼，冲洗干净即可。

3．两栖类动物初加工

两栖类动物的主要特征是：体分为头、躯干、四肢 3 部分；皮肤裸露而潮湿，皮肤腺丰富，腹部肌肉薄而分层，四肢肌肉发达，尤以后肢肌肉特别发达。用于烹饪的两栖类动物典型代表就是蛙类原料。

蛙类常见品种有青蛙、牛蛙、蛤士蟆、棘胸蛙（石鸡）等。其加工方法基本一致：摔死或击昏→剥皮→剖腹→内脏整理→洗涤。下面以牛蛙的初加工为例说明加工的一般程序。

（1）将牛蛙摔死或用刀背将其敲昏，然后从颈部下刀开口，用竹签沿脊髓捅一下，令其迅速死亡。

（2）沿刀口剥去外皮，剖开腹部，摘除内脏（肝、心、油脂可留用），剁去爪尖，最后用清水洗净。

4．爬行类动物初加工

爬行动物的特征是：身体分为头、颈、躯干、四肢、尾 5 部分，皮肤干燥，体被角质鳞片，龟鳖类在背腹面覆盖有大型的角质板。可作为烹饪原料的爬行类动物主要是龟类和鳖类。龟鳖类原料初加工步骤：宰杀→烫泡→开壳去内脏→洗涤。

（1）宰杀。对甲鱼的加工必须要活宰，因死甲鱼不能食用。甲鱼死后，其内脏极易腐败变质，肉中的组氨酸转变为有毒的组胺，对人体有害。常用的宰杀方法，一种是将甲鱼腹部向上放在案板上，待其头部伸出支撑欲翻身时，用左手握紧其颈部，右手用刀切开其喉部放尽血；另一种是用竹筷等物让其咬住，随即用力拉出头并迅速用刀切开喉部放血。

（2）泡烫。将甲鱼放入 80℃左右的热水中浸烫 2 min 左右。

（3）开壳取内脏。将烫好的甲鱼取出，趁热用小刀刮去背壳和裙边上的黑膜。如果几只甲鱼同时加工，要将甲鱼放在 50℃左右的水中进行刮膜，因为裙边胶质较多，凉透后黑膜会与裙边重新黏合一起，很难刮洗干净。去膜后，用刀在腹面剖一“十”字，再入 90℃左右的热水中浸烫 10 ~ 15 min，捞出后揭开背壳，并将背壳周围的裙边取下，再将内脏一起掏出，除保留心、肝、胆、肺、卵巢、肾外，其余内脏全部不用。特别注意体内黄油，它腥味较重，如去除不尽，不仅会使菜肴带有腥味，还会使汤汁混浊不清。黄油一般附着在甲鱼四肢当中，处理时不能遗漏。最后剪去爪尖，剖开尾部泄殖物，用清水冲洗后即可。

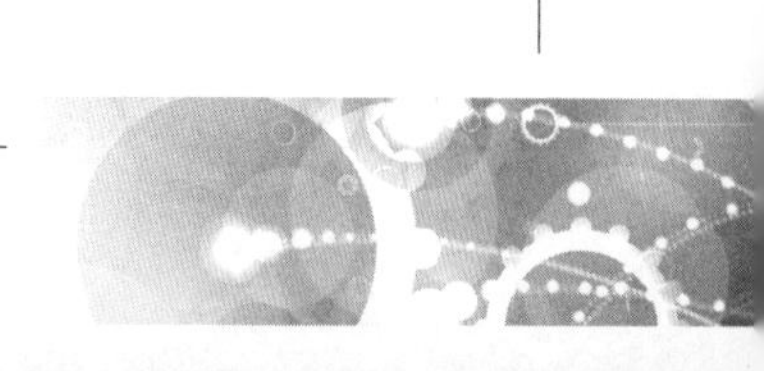

第5节 干货原料涨发

一、干货原料涨发的概念和方法

1. 干货原料涨发的概念

干货原料涨发就是根据原料的不同性质及用途，使用不同的加工方法，使干货原料重新吸收水分，最大限度地恢复其原有的形态、质地的过程。同时除去杂质和异味，便于烹调和食用。对于经过涨发加工的干货原料而言，自然纯真的品质更为重要，片面追求口感而牺牲营养的做法是不科学的。

2. 干货原料涨发的要求

干货原料涨发是一个较复杂的操作过程，也是一项技术性较强的基本功。涨发效果的好坏，直接关系到原料的烹调及菜品的质量。干货涨发有以下要求。

（1）要使干货原料恢复其原有的松软、鲜嫩、爽脆的性质。

（2）要使干货原料便于进行后续加工。

（3）要使用正确的涨发方法，使干货原料达到最大涨发出成率。

（4）要去除干货原料的杂质和异味。

3. 干货原料涨发的方法

干货原料涨发的方法根据涨发原料的媒介不同，可分为水发、油发、盐发和碱发，其中伴随着复杂的物理和化学变化。同时，这些方法并不是孤立的，在实际应用中往往可以相互交替使用，达到涨发目的。

（1）水发。水发又称泡发，是指以各种温度的清水、浑水（如米汤）浸涨干货原料的过程。水发是最基本、最常用的发料方法，有的干货原料经过油发后，也必须经过水发的过程。根据温度不同，水发包括冷水发和热水发。

1）冷水发。冷水发是指把干货原料放在冷水中，使其自然吸收水分，尽量恢复新鲜时的柔软、松嫩状态的涨发方法。干货原料放在冷水中，由于水对其毛细管的浸润作用，能自然吸收水分，成为软嫩原料。冷水发的优点是操作简单易行，并能基本保持干货原料原有的特性。冷水发又分为浸发和漂发。

①浸发。浸发是把干货原料用冷水浸泡，使其慢慢涨发。浸发的时间要根据原料的大小、老嫩和松软、坚硬的程度而定。硬而大的原料，浸发的时间要长，有的还须换水再次

浸发；嫩而小的原料浸发的时间可短。

②漂发。漂发是把干货原料放入冷水中，辅以工具或手，不断挤捏或使其漂动，在涨发的同时，将原料的异味和泥沙等杂质漂洗干净，漂发可根据需要多次换水。

2）热水发。热水发是将干货原料放在热水中，用各种加热的方法促使原料加速吸收水分，成为松软、嫩滑的全熟或半熟的半成品。热水发加工主要是利用热的传导作用，促使干货原料中的分子加速运动，加快吸收水分。其具体的操作方法有泡发、煮发、焖发和蒸发 4 种。

①泡发。泡发是指将干货原料放入热水中浸泡而不再继续加热，使其慢慢泡发涨大。此法多用于形体较小、质地较嫩的干料，如银鱼、粉丝、海带等。

②煮发。煮发是指将干货原料放入水中，加热煮沸，使之涨发。该法多用于体质坚硬、厚大而带有较重腥臊气味的干货原料，如玉兰片、笋干、海参等。用煮发涨发时，加热必须适度、适时，既不能用急火，也不能长时间加热，以防原料外面烂，而内部未发透。

③焖发。焖发是煮发的后续过程。当干货原料煮到一定程度时，需改用小火、微火，或将锅端离火源，盖紧盖子使温度逐渐下降，让原料从外到里全部涨发透。焖的时间长短，要根据原料的具体情况而定。焖发多用于体形大、质地坚硬、异味较重的干货原料，如鱼翅、海参、鲍鱼等。

④蒸发。蒸发是指将干货原料放入盛器内，利用蒸汽使原料发透。凡不适于煮发、焖发的干货原料，或者煮焖后仍不能发透，而再继续煮焖又无法保持原料特定形态的干货原料，均可采用此法，如干贝、鱼翅等。

热水发可以根据原料的性质，采用各种不同的水温和涨发形式，从而获得较好的发料效果。

（2）油发。油发就是把干货原料放在适量的热油中，经过加热使之膨胀松脆，成为半熟或全熟的半成品的发料方法。

油发是热膨胀涨发的一种，就是利用油的导热作用使干制原料的组织膨胀松化成孔洞结构，然后使其复水，成为利于烹饪加工的半成品。这是食品原料的膨化技术在干货原料涨发中的应用，干货原料经膨化处理后，体积明显增大，完全超出了新鲜原料的体积，色泽变白，复水后质地松泡柔软，类似吸水的海绵。油发一般适用于胶质丰富、结缔组织较多的干货原料，如蹄筋、干肉皮、鱼肚等。

动物性干货原料的油发过程分为低温油焐制阶段、高温油膨化阶段、复水阶段。低温油焐制阶段是指将干货原料浸没在冷油中，将油温加热至 100 ~ 115℃，对干货原料进行焐制。经过低温油焐制阶段加工的干货原料，体积缩小，冷却后更加坚硬，有的还具有半透明感。高温油膨化阶段是指将经低油温焐制后的干货原料，投入 180 ~ 200℃的高温油中，使之膨化的过程。经过高温油膨化阶段的干货原料，体积急剧增大，色泽呈黄色，孔洞分布均匀。复水阶段是指将膨化的干货原料放入冷水中（冬季可放入温水中，切勿放入热水中）进行复水，使物料的孔洞充满水分，处于回软状态的过程。

（3）碱发。碱发是将干货原料先用清水浸软，再放进碱性溶液中浸泡，利用碱的脱脂和腐蚀作用，使其涨发回软的一种涨发方法。碱水涨发是在自然涨发基础上采取的强化方法，一些干硬老韧、含有胶原纤维和少量油脂的原料，难以在清水中完全发透，为了加快涨发速度，提高成品涨发率和质量，在介质溶剂中可适量添加碱性物质，改变介质的酸碱度，造成碱性环境，促使蛋白质的碱性溶胀。碱水涨发主要适用于一些动物性原料，如蹄

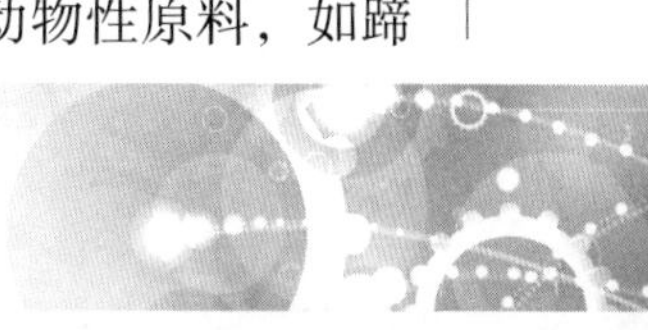

筋、鱿鱼等。但碱水涨发的方法对原料营养及风味物质有一定的破坏作用，因此选择碱水涨发方法时要谨慎。

碱发又可分为生碱水发和熟碱水发两种。

1）生碱水发。一般先用清水把原料浸泡至柔软，再放入纯碱与水的比例为 1∶20（体积比）的生碱水中泡发。根据干货原料的质地与水温的高低，控制好碱水的浓度和泡发时间。涨发时都需要在 80 ~ 90℃的恒温溶液中提质，并用开水去净碱味，使其具有柔软、质嫩、口感好的特点。

生碱水发的原料适用于烧、烩、熘、拌，以及做汤等烹调方法。

2）熟碱水发。一般是用水、食用纯碱和生石灰按 18∶1∶0.4（体积比）的比例配制碱溶液，将食用纯碱、生石灰、水充分搅匀静置，滤取澄清后使用。涨发时可不需加温，涨发透后，捞出原料用清水浸泡并不断换水，使其退碱后即可。熟碱水发过的原料不黏滑，具有韧性，比较柔软，适合于炒、爆等烹调方法。

在使用碱发方法过程中应注意，干货原料在放入碱水之前应先用清水浸泡回软，以缓解碱对原料的直接腐蚀；要根据干货原料的质地和季节的不同，适当调整碱溶液的浓度和涨发时间；碱发后的原料必须要用清水漂洗，以便清除其碱味。

（4）盐发。盐发是利用盐做传热媒介来发制干货原料的方法。盐发的原理与油发类似，所以用油发的干货原料也可使用盐发，如肉皮、蹄筋、鱼肚等。用盐发涨发的原料松软有力，即使受潮的原料也可直接发，而不必另行烘干，并可节约用油，但色泽不及油发的光洁美观，且发后都要用热水再泡发，并清除盐分。

二、干货原料涨发实例

1. 植物性干货原料

（1）香菇。香菇先用温水浸泡 20 min，水量以能够淹没香菇为宜。待香菇回软后，逐一仔细剪去菇柄。将剪去菇柄的香菇用清水洗净，浸泡在清水中备用即可。浸泡香菇的水尽量不要废弃。浸泡过香菇的水有很浓的香味，经沉淀或过滤后可用于菜肴的调味。涨发出成率为 300%。

（2）羊肚菌。先将羊肚菌用清水洗净，再用温水浸泡。通常情况下，2 h 后羊肚菌基本发透。将发透的羊肚菌逐一剪去根柄，洗净，换清水浸泡备用即可。涨发出成率为 300%。

（3）猴头菌。将猴头菌在常温下用清水浸发 24 h 使之回软。将回软的猴头菌捞出，放入 100℃清水泡发（亦可用 1% 热碱溶液泡发）约 3 h，直至柔软涨发。将涨发好的猴头菌逐一摘去外层针刺，切去老根洗净。将处理干净的猴头菌上笼，加高汤、姜、葱、酒蒸发约 2 h。将蒸发好的猴头菌继续浸渍在原汤中待用即可。涨发出成率为 180%。

（4）莲子。将腐败的莲子和杂物挑拣出来，清洗干净，放入足量的清水，自然浸泡 4 h，用牙签从莲子的脐眼将莲心捅出，再次洗净即可。涨发出成率为 400%。

（5）银耳。将银耳中的杂物择去后，放在足量的清水中浸泡 30 min，用剪刀剪去较硬的黄根，清洗干净，用清水浸泡存放。涨发出成率为 600%。

（6）木耳。将木耳中的杂物择去后，放在足量的清水中浸泡 30 min，去蒂根后，清洗干净，用清水浸泡存放。涨发出成率为 800%。

（7）笋干。将笋干中的杂物择去后，放在足量的清水中浸泡 1 h，清洗干净，放入足量的水焖煮至透，片去坚硬的外皮，将初步发透的笋干顶刀切成片状，用清水浸泡存放。涨发出成率为 500%。

（8）黄花菜。用清水浸泡 1 h，剪净硬蒂，洗净，放入沸水锅中焯水，取出，沥干水分即可。用硫黄熏过的黄花菜带酸味，浸泡时间可长些，并焯水。涨发出成率为 300%。

（9）紫菜。用清水浸泡 1 h，洗净泥沙杂质。涨发出成率为 500%。

（10）海带。将海带放入清水中浸泡约 2 h，洗去泥沙和黏液，去掉根柄部，剪成段，换水再浸泡至软透。涨发出成率为 500%。

2．动物性干货原料

（1）蹄筋。蹄筋的涨发方法较多，以油涨发和混合涨发两种方法较为普遍。

1）油涨发蹄筋。将蹄筋用温碱水洗去表层油脂和污垢，晾干。在锅内加入适量的凉油，再放入蹄筋慢火加热，蹄筋先逐渐缩小，然后慢慢膨胀。不停地翻动蹄筋，使之受热均匀。待蹄筋开始漂起，并发出“叭叭”的响声时，端锅离火并继续翻动蹄筋。当油温降得较低时，再用慢火提温。如此反复几次，待蹄筋全部涨发起泡、饱满、松脆时捞出。当蹄筋横断面呈均匀的蜂窝状气孔时，说明蹄筋已经发透。将炸制好的蹄筋放入事先准备好的热碱水中浸泡至回软，洗去油脂杂质，去除残肉，并用清水漂洗干净，换冷水浸泡备用即可。涨发出成率为 600%。

2）混合涨发蹄筋。混合涨发也称半油半水发，即油发到一半程度再改用水发。操作时，先采用油发的方法将蹄筋发到起泡且尚未发透时捞出，放入冷水锅进行煮制，开锅后改用小火焖煮数小时，直至蹄筋发透为止。将发透的蹄筋用热碱水漂洗，去除油脂杂质，再用清水漂洗干净，换冷水浸泡存放。涨发出成率为 400% ~ 500%。

（2）猪皮。猪皮涨发一般采用油发和盐发，较为常用的是油发。操作时，凉油投料，温油浸泡，热油下涨发至膨大疏松，再用热碱水浸泡回软，用清水漂洗干净。涨发出成率为 400%。

（3）燕窝。将燕窝中的杂物择去后，放在洁白的容器中，加入足量的清水，浸泡 30 min 至初步回软。将燕窝撕成条状，择去绒毛及杂质，清洗干净。然后放入适量的热水中浸泡 20 min，再次整理择洗干净。用清水浸泡燕窝，低温存放。也可用蒸发方法涨发。涨发出成率为 900%。

（4）鱼肚。将鱼肚用清水洗净，晾干。在锅内加入适量的油，放入鱼肚慢慢加热。此时可观察到鱼肚逐渐缩小，然后慢慢膨胀。不停地翻动锅内的鱼肚，待鱼肚开始漂起并发出响声时，端锅离火。继续翻动鱼肚，当油温降低时，再将锅移置火上慢慢加温。如此反复 2 ~ 3 次，待鱼肚全部涨发起泡、饱满、松脆时捞出。将炸制好的鱼肚放入事先准备好的热碱水中浸泡至回软。洗去油脂杂质，用清水漂洗干净，换冷水浸泡备用即可。涨发出成率为 400%。

（5）鱼翅。将鱼翅剪去散碎的边缘，用清水浸泡 12 h 至初步回软。用热水泡烫 30 min，至表面沙层崩裂，将沙层刷洗干净。使用不锈钢器皿，放入足量的清水，用竹篦子固定鱼翅后，用小火焖煮 4 ~ 8 h，直到发透为止。取出鱼翅，用清水漂洗去腥味，用清水浸泡，低温存放。涨发出成率为 100% ~ 300%。

（6）鱼皮。先用清水浸泡 4 h，换沸水泡烫 1 h，去残肉，洗净。反复用沸水泡烫至透身，取出用清水漂浸。涨发出成率为 400%。

（7）虾干。将虾干中的杂物择去后，放在足量的清水中浸泡 1 h，清洗干净，放入适量的清汤、绍酒，蒸发至透。涨发出成率为 300% ~ 400%。

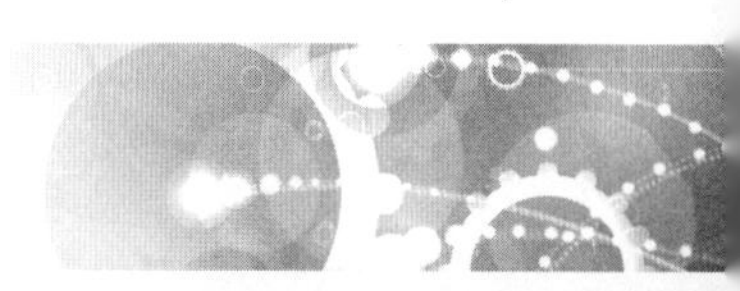

（8）干贝。将干贝在冷水中浸泡约 20 min 后，洗去表面灰尘，去除筋质。将处理干净的干贝置于容器中，加入清水及姜、葱、酒蒸制，待能捏成丝状时取出，1 ~ 2 h。用原汤浸渍待用即可。涨发出成率为 300%。

（9）海蜇。将海蜇中的杂物择去后，放在足量的清水中浸泡 1 h。切成细丝，清洗干净，清水浸泡，低温存放。涨发出成率为 300% ~ 400%。

（10）鲍鱼。将整只鲍鱼用清水浸泡 12 h 至初步回软，将外圈边裙刷洗干净，用陶制器具，放入足量的水，焖煮 4 ~ 8 h，直至发透、发软。为使鲍鱼更快涨发，可在鲍鱼体表剞上均匀的花纹，或用竹签在鲍身上扎孔。涨发好的鲍鱼，可放入澄清的原汤里低温存放。涨发出成率为 300% ~ 500%。

（11）海参。将海参放在炭火中，烧燎至其坚硬的石灰质外皮完全炭化。用刀将炭化层刮去，清洗干净。将海参用清水浸泡 12 h 初步回软，剖开，去内脏，清洗干净。放入足量的清水中，小火焖煮 6 ~ 8 h 至发透为止。发透后放入清水中浸泡，低温存放。涨发出成率为 500%。